深层特低渗砂砾岩油藏描述

刘显太　王　军　陈德坡　著

图书在版编目（CIP）数据

深层特低渗砂砾岩油藏描述／刘显太，王军，陈德坡著．
—北京：中国石化出版社，2019.4
ISBN 978－7－5114－5262－7

Ⅰ.①深…　Ⅱ.①刘…　②王…　③陈…　Ⅲ.①砾岩-
岩性油气藏-研究　Ⅳ.①TE122.3

中国版本图书馆CIP数据核字（2019）第066308号

中国石化出版社出版发行
地址:北京市朝阳区吉市口路9号
邮编:100020　电话:(010)59964500
发行部电话:(010)59964526
http://www.sinopec-press.com
E-mail:press@sinopec.com
北京富泰印刷有限责任公司印刷
全国各地新华书店经销
*
710×1000毫米16开本10印张210千字
2019年4月第1版　2019年4月第1次印刷
定价:58.00元

前　言

砂砾岩储层一般厚度较大，岩性、岩相变化快，非均质性强，开发难度大。随着济阳坳陷深层陡坡带砂砾岩体勘探取得重大突破，砂砾岩油藏在开发中的地位越来越重要。然而，深层砂砾岩油藏在勘探开发过程中还存在诸多问题：砂砾岩体为多期碎屑流沉积物的快速堆积，横向变化快，沉积旋回变化频繁，多套沉积体互相叠加，储层期次内幕复杂，储层分布规律认识难度大；砂砾岩油藏内幕结构复杂，缺乏地层对比标志，地层对比难度大，难以明确砂体是否连通，无法确定油水关系；储层埋藏较深，地震分辨率低，储层预测难度大；储层岩石骨架电阻率高，油、水层均表现出较高的视电阻率，有效储层和油水层识别难度大。与常规油藏相比，砂砾岩油藏的开发效率还有待提高。准确描述和刻画砂砾岩体油藏，并有效动用这些储量，对胜利油田及我国东部其他油区的可持续发展具有重大意义。

本书详细介绍了深层特低渗砂砾岩体油藏描述的关键技术和方法，全书共分为七章。第一章主要介绍了深层砂砾岩体成因背景及目前国内外识别预测技术。第二章阐述了砂砾岩体的岩相特征、矿物岩石成分特征、粒度特征及沉积构造特征等，分析了地质事件对砂砾岩体沉积的控制作用，论述了砂砾岩体的主要沉积作用类型，通过沉积模拟实验，分析了砂砾岩体沉积模式。第三章阐述了深层砂砾岩体的精细沉积模式，论述了砂砾岩体期次划分与对比技术，从单井划分及井间对比出发，井震结合，对砂砾岩体期次进行了划分。第四章通过精细合成地震记录标定、地震资料分辨率处理、地震属性分析，提出了砂砾岩储层预测方法和思路，其方法主要包括测井曲线敏感性分析、拟声波曲线构建、Bayes 反射特征反演、协同建模、井约束反演及交互反演。通过储层物性参数反演及叠前弹性反演等手段，进行砂砾岩体有效储层的预测。最后，通过瞬时相位属性确定了有效连通体的边界，并进行了砂砾岩有效连通体解释。第五章介绍了深层砂砾岩体储层分类评价方法，通过测井资料预处理、四性关系研究，建立了不同岩石物理相的解释模型，对深层砂砾岩体有效储层进行了识别和验证。第六章介绍了核磁共振测井识别方法、电阻率与孔隙度交汇图识别方法、基于测井相的多参数判别识别方法。第七章分析了深层砂砾岩体油藏渗流特征，包括深层砂砾岩体油藏压力敏感性、油藏渗流能力、油藏生产特征及影响因素以及油藏开发方式，介绍了复杂叠置特低渗砂砾岩有效注水开发技术及致密砂砾岩油藏立体改造开发技术。

本书在编写过程中，得到了中国石油大学（北京）侯加根教授的大力支持和指导，在此，谨向侯教授致以衷心的感谢。此外，感谢中国石油大学（北京）任晓旭博士在本书编写过程中的努力和付出。

由于笔者水平有限，书中不正之处，敬请各位专家和读者给予批评指正。

目　录

第一章 绪 论

砂砾岩油藏，是指以砾岩、砾状砂岩等粗粒碎屑岩储层为主的油藏，是我国具有重要特色的油气藏类型之一。从国内外勘探开发情况看，砂砾岩油气藏在海相和陆相均有发现，但陆相更多。目前，国内的砂砾岩油藏在辽河油田西部凹陷、大庆油田徐家围子地区、大港油田滩海地区、华北油田廊固凹陷、胜利油田东营凹陷及车镇凹陷和沾化凹陷等地区均有分布。

砂砾岩油藏以储层厚度大、内部分层界限模糊、岩性复杂、储层物性差、非均质性强、开采难度大为主要特点。其以沉积各类具有重力流特征且快速堆积的扇体为主，并主要发育于构造陡坡带等具有较大地形高差的区域。

一、砂砾岩体沉积及成因背景

砂砾岩体主要发育在断陷陡坡带，具有近物源快速堆积的特征，多期扇体相互叠置，垂向上厚度变化大，岩性变化快，岩石的成分成熟度和结构成熟度较低，储层非均质性较强，缺少泥岩夹层，后期开发过程中的砂层组对比存在较大困难。

由于古气候条件、古构造特征及海平面升降变化的不同，处于不同历史时期或不同位置的断陷湖盆，所形成的砂砾岩体的形态、沉积特征、岩性特征、展布规模及物性特征存在差异，因此，在陡坡带的不同位置会发育不同类型的砂砾岩体，包括冲积扇、扇三角洲、近岸水下扇、浊积扇等，这些砂砾岩体的构造形态、沉积特征、岩性组合、地震相和测井相特性均存在较大差异。以东营凹陷为例，在北部陡坡带形成的砂砾岩体以冲积扇和扇三角洲为主；断阶上主要发育近岸水下扇和扇三角洲，局部发育冲积扇；断阶内侧发育的砂砾岩体主要为浊积扇和近岸水下扇。

截至目前，不少国内外学者利用沉积物理模拟实验对砂砾岩体的沉积过程进行了研究，在认识砂砾岩体的形成机制及分布规律等方面取得了一系列成果。G. Shanmugam 在进行水下砂岩碎屑流实验后，证实了低黏土含量砂岩碎屑流的观念，并观察了砂岩碎屑流的沉积过程。张春生等在不同坡度的底坡上进行了涌流型浊流的模拟实验，他们发现：涌流型浊流的悬浮云是悬伸而向前凸出的，浊流的主体比头部运动速度快，运动过程中体现为波浪式前进、后波超前波的特征；流体厚度及速度与搬运距离和底坡坡度成正比；流体密度在其底部较大，顶部较小。

国外部分学者通过对砂砾岩油藏岩相的研究，对其沉积特征、受控环境及成因有了一定的认识。Higgs、Roger 研究了加拿大 Queen Cherlotete 岛扇三角洲，认为该地区为高密度紊流和水下非黏性碎屑流沉积，属于深水沉积，且为受断层控制的盆地边坡环境。Fielding. C. R 和 Webb. J. A 通过研究 Beaver 湖区 Radok 砾岩的沉积特征，认为该地区砾岩主要由砾岩、泥质砂岩和粉砂岩组成，碎屑颗粒来自于晚古生代的 Continental Extensional 盆地。

由于成因不同，砂砾岩体在沉积相、测井相和地震相等方面存在较大的差异，根据这一特点，国内部分学者提出结合“三相”的砂砾岩体成因类型综合划分方法。赵志超等提出要综合考虑沉积相、测井相及地震相标志，运用“三相”综合的方法划分砂砾岩体的成因类型。王宝言等认为在划分砂砾岩岩体成因类型时应以沉积相标志为基础，再结合测井相、地震相做到“三相统一”，此时，即可合理划分砂砾岩体类型。

二、近岸水下扇沉积特征研究

近岸水下扇主要发育于陆相断陷湖盆陡坡带。目前，关于近岸水下扇的命名在国内外尚未统一，出现了“水下扇”“水下冲积扇”等思路。但国内外诸多学者均认为，近岸水下扇的发育与断陷湖盆下降盘密不可分，由于地势高差大，沉积体制以重力流中的浊流为主，剖面上呈楔状，而在平面上呈扇状。近岸水下扇与扇三角洲的主要区别为韵律性及平面、剖面分布特征不同：扇三角洲在垂向上主要为正韵律，体现水进的特点，而近岸水下扇垂向呈反韵律，体现水退的特点；扇三角洲平面呈舌型分布，而近岸水下扇呈扇形分布；从剖面来看，近岸水下扇没有水上沉积的部分。水下冲积扇与近岸水下扇的主要区别为沉积环境不同：近岸水下扇沉积在深水部位，而水下冲积扇沉积于滨浅湖部位。

由于各个地区的近岸水下扇沉积具有相应于该地环境的独特特点，因此目前存在多种近岸水下扇沉积微相的划分模式。朱水安、丘东洲、刘家铎等认为近岸水下扇可分为扇根、扇中及扇端（也称为扇缘）3 个亚相。扇根亚相包含了主水道、天然堤和决口扇 3 个微相，其中，主水道砂、砾、泥混杂堆积，垂向上可见递变层理；天然堤的沉积水体能量相对较弱，具有低密度浊流沉积的特征；决口扇的水体能量应处于天然堤及主河道之间，具有典型浊积岩的沉积特征。扇中亚相包含辫状水道微相和前缘沉积微相两类，以砂岩沉积为主，粒度较扇根细，其砂岩中可见大量的沉积构造，例如递变层理、混杂构造或者平行层理。外扇沉积水体能量很低，粒度一般较细，主要以暗色泥岩为主，显示了还原环境。

朱筱敏将近岸水下扇亚相划分为内扇、中扇、外扇3个亚相。除相应提法不同外，其对于近岸水下扇亚相和微相的沉积特征与前述学者的总结基本类似，并且认为：①不同微相具有各自的粒度概率图和C－M图；②鲍马序列的全部序列或部分序列可以用来对近岸水下扇的沉积序列进行描述。

三、厚层砂砾岩体等时地层界面划分

砂砾岩体中生物化石普遍缺乏，而且由于砂砾岩体离母岩区较近，沉积迅速，粒度整体较粗，通常作为分层界限的泥岩不发育，呈厚层状分布，因此常规的地层划分方法难以有效解决砂砾岩地层划分的问题。针对此情况，学者们做出了许多尝试，如通过小波变换分析技术、米氏旋回分析技术、地震时频分析技术等进行层序界面的识别和划分。

鲜本忠关于车西凹陷的研究、赵培坤关于盐22区块的研究以及王艳忠关于东营凹陷民丰地区的研究中均采用了小波变换分析技术划分砂砾岩体层序界面及地层格架，并取得了良好的效果。其基本思路为：用一簇小波函数去逼近测井信号，通过小波函数的伸缩及变换，利用相应的算法，将测井曲线进行维度转换。在此基础上，分析测井曲线的频率结构，剥离小波变化系数值。此方法的地质意义为：通过相应的分析，将测井曲线剥离为一系列单独的、具有不同尺度和频率的曲线，这些曲线的频率代表了相应的沉积旋回。小波系数曲线存在突变点，这些点代表了尺度的变化，它们具有的地质意义则是沉积环境的变化。因此，通过这些突变点，可以确定地层划分点。该方法强调选择能够区分沉积环境差异带来的岩性、物性特征的测井曲线，优选小波函数，以及利用研究详细的取心井资料确定小波变换尺度。

宋亮在研究车西洼陷近岸水下扇时采用了米氏旋回分析法进行地层划分。李存磊、宋明水等在东营凹陷盐家地区研究中应用米氏旋回分析和成像测井分析结合，以及沉积相反演研究等方法，进行了砂砾岩体沉积期次划分对比。

邓克能在阿曼.D油田碳酸盐岩油藏研究中提出了“基于水平井资料的模式对比法”划分地层界面的方法。该方法首先根据研究区沉积模式及地层展布规律建立水平井地层对比模式，在大尺度上进行地层对比，再利用水平井钻、录井资料并结合临近直井进行小层综合划分对比。

雷克辉等通过小波时频分析寻找不同类型沉积旋回与小波时频特征之间的对应关系，根据地震资料划分沉积旋回；孙怡、鲜本忠等通过以单井测井信号小波变换分析为核心的划分技术对砂砾岩体期次进行了划分；郭玉新将小波变换时频分析技术与 Fischer 图解法相结合对渤南洼陷北部陡坡带沙四段—沙三段砂砾岩进行了沉积期次划分和对比；张红贞运用井－震联合分析技术对砂砾岩体沉积期次进行了精细解剖。此外，还有其他学者应用小波分形的地震旋回处理方法、多参数分析等技术精细描述了砂砾岩扇体的期次。这些新技术的应用从不同角度对单期砂砾岩体沉积进行了划分，获得了较好的应用效果。然而，由于研究过程存在主观性，导致期次划分的结果因人而异。同时，由于各项原理本身的局限性，以致划分的精确度各不相同。

四、砂砾岩体储层的识别与预测

随着地球物理探测技术的发展，对于砂砾岩体识别和空间分布规律的研究也在不断进步。国内外学者以地质研究为指导，综合利用地质、地震、测井资料，不断改进地球物理研究方法，对于砂砾岩体的认识逐渐深入，对其空间分布规律有了进一步的把握。

在对砂砾岩储层的识别研究中发现，不同地区、不同时期的湖盆边缘发育有不同类型的砂砾岩扇体。部分学者结合地震相，深入研究了砂砾岩体储层的内部空间展布特征和规律，确立了扇体的空间组合模式及分布范围，通过时频分析刻划砂砾岩扇体内部结构，总结了识别与描述扇体的方法，并通过测井约束地震反演技术描述砂砾岩扇体的含油性。同时，随着地震反演技术的成熟，利用各种反演方法对砂砾岩体进行预测也逐渐成为研究的热点，国内很多学者利用不同的储层预测技术，开展了关于砂砾岩扇体识别和空间展布规律的研究。

综合以上研究成果认为，砂砾岩体是多期次叠置形成的，其储层内部无统一油水界面，形成的扇体类型多样，古地貌受构造运动控制，砂砾岩体时空展布复杂，其展布规律受古地貌和古气候控制。

在研究初期，砂砾岩储层没有受到人们的足够重视，在高油价和石油技术革命的刺激下，这类油气藏逐步受到关注，人们开始在生产实践中，更加充分地利用核磁共振测井、成像测井等技术，进行储层评价、沉积相分析、油气水层判别。但是，对砂砾岩储层的精细刻画尚存在一系列技术难题，需要进一步探索，只总结经验，并不断提出新技术、新方法，才能使砂砾岩油气藏的开采取得更大突破。

第二章　陡坡近岸水下扇砂砾岩内幕结构模式

第一节　区域地质背景

盐家油田地理位置位于山东省东营市垦利县西张乡，构造位置处于济阳坳陷的东营凹陷中央背斜北侧，坨庄—胜利村—永安镇断裂构造带的东段，其北部为陈家庄凸起，东部为青坨子凸起，两凸起均系花岗片麻岩的古凸起，南临民丰生油洼陷，与中央背斜带的东辛油田相连。继东营凹陷北部陡坡带扇体的单家寺、滨南、利津王庄胜北等地区获得突破后，盐家砂砾岩体的油气开发也获得了重大进展。本章以盐22区块为例进行分析。盐22区块位于陡坡带东段盐16古冲沟的前方（图2－1），目的层为沙河街组沙四上砂砾岩体，其油藏属深层砂砾岩体

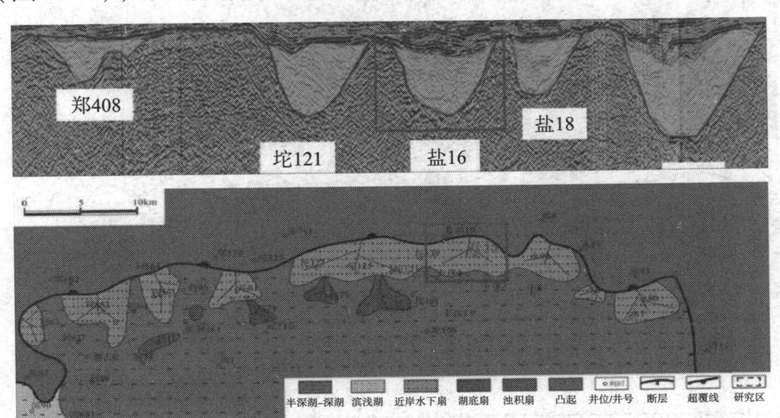

图2－1　盐家地区沙四上构造位置图

岩性油藏。盐家油田1995年1月钻探盐16井，试油获得日产油109t的高产工业油流，发现了盐16沙三下砂砾岩体油藏；1996年1月钻探永921井、盐18井，试油分别获得日产油14t和5.68t的工业油流，发现了永921沙四上砂砾岩体油藏和盐18沙三下砂砾岩体油藏。在这一阶段，以寻找具有背斜形态的砂砾岩体

油藏为主，发现了盐 16、盐 18、盐 182、永 921、永 925 共 5 个含油区块，含油层系为沙三下、沙四上，探明含油面积 3.1km^2，探明石油地质储量 797×10^4t，石油可采储量 180.2×10^4t。

在勘探工作经历了 10 年的沉寂之后，通过对不具背斜形态砂砾岩体成藏的分析，研究人员认为在埋藏深度较大的情况下，受成岩作用的影响，砂砾岩扇体以扇中亚相为储层，以扇根亚相致密带或古断剥面为侧向遮挡，能够形成岩性圈闭，是含油气有利区带。在这一思想的指导下，2005 年在盐 16 古冲沟盐 16 砂砾岩体前方鼻状构造高部位部署了盐 22 井，在盐 18 古冲沟永 921 砂砾岩体前方鼻状构造翼部部署了永 920 井，两口井在沙四上砂砾岩体中均见到了较厚油层。

盐家油田盐 22 区块构造位于东营凹陷北带东段（图 2－2），其西北部为陈家庄凸起，东部为青坨子凸起，南临民丰洼陷。主要含油层段为沙四段的砂砾岩体。盐 22 井于 2005 年 9 月完钻，在沙四上发现各类油气显示层共 18 层 70.2m，测井解释沙四上油层共 7 层 89.5m。对沙四上井段 3235.5～3246m，1 层 10.5m 试油，4mm 油嘴生产，日产油 9.46t/d，不含水，日产气 1630m^3/d。上返试油，射开井段 3212～3223m，1 层 11m，6mm 油嘴生产，日产油 12.6t/d，日产气 1900m^3/d，含水率为 6.4%。

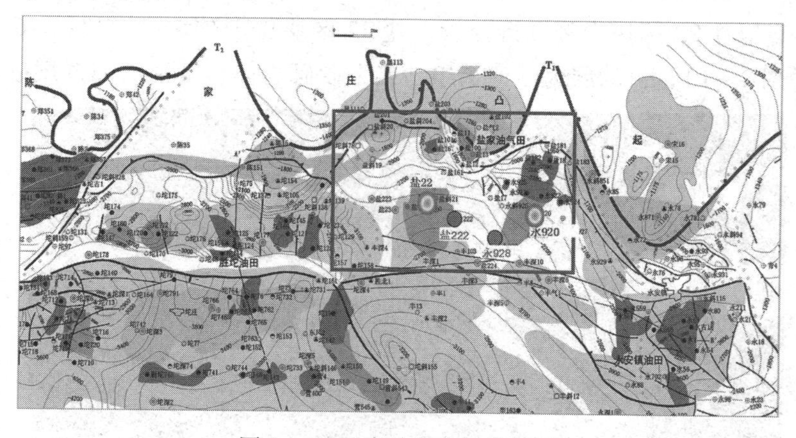

图 2－2 盐家油田构造位置图

盐 22 井区在 2006 年部署了开发井，投入了试采。截至 2010 年 12 月，试采井 18 口，目前钻采油井 18 口，累计产油 10.49×10^4；钻注水井 1 口，累计注水 15.2×$10^4$$m^3$。

盐 22 沙四段砂砾岩体，为断陷湖盆陡坡带的近岸水下扇砂砾岩复合扇体。砂砾岩体内幕岩性复杂，为多期次快速堆积或再次垮塌沉积。该类油藏由于埋藏较深，且多为有效储层与非有效储层混杂，非均质性严重，低孔低渗，储层电性

受致密砾岩影响大，在岩性油藏的勘探开发过程中，这些复杂情况直接制约了对砂砾岩体油藏的评价以及开发上产调整措施的实施。

一、构造特征

盐22区块沙河街组的构造演化与盆地的构造演化是同步进行的，受盆地构造演化大格局的控制。陈家庄凸起南坡断裂系统为中生代的中后期到新近纪多幕次构造运动的结果，燕山期古断裂奠定了喜山期的基本构造演化格局。东营凹陷北部陡坡带是由陈南铲式扇形边界断层所控制的陡坡构造带，其东段较陡，倾角约为30°~40°，呈北西西向延伸，主要控制了Ek~Es4的沉积，地层楔状形态明显，断层下降盘地层厚度大，T6界面向陈南断裂延伸显示出上超趋势，反映该界面形成之后，断裂活动已不明显。古近系沉积时期，在陈南断裂的断陷及风化剥蚀的共同作用下，在盐22区块的基底发育了盐16古冲沟，形成了山高、坡陡、沟梁相间的古地貌特征。

随着勘探开发的不断进展，认为盐22区块位于陈家庄凸起南翼古断剥面超覆带，构造特征主要受到凸起南缘基岩古地貌和陈南断裂活动的控制，砂砾岩扇体沉积区断层较少，构造相对简单。总体表现为东西向沟、梁相间，自西向东发育盐16古冲沟、盐家鼻状构造、盐18古冲沟，鼻状凸起与鞍部沟谷相间，东西排列，近南北走向延伸（图2－1）。盐家鼻状构造向南延伸较短，可以进一步细分为两个鼻状构造，鼻状构造两翼较陡，鞍部较缓，有利于碎屑物快速堆积，在古冲沟内发育了各种类型的扇体。盐16古冲沟、盐18古冲沟分别发育了盐22、永920砂砾岩油藏，砂砾岩体北部靠扇根侧向封堵，南部靠扇端岩性尖灭，东西两侧不同期次砂砾岩体错层尖灭，扇主体构造高部位已证实具有良好的含油性。位于两个古冲沟之间的盐222块同样发育砂砾岩体，构造形态是两个鼻状构造之间的鞍部，其砂砾岩体顶面构造为向西、南、东3个方向抬升，鞍部最大埋深4400m。钻探已证实古冲沟之间的低部位也含油，储集物性较好。

盐22砂砾岩油藏位于盐16古冲沟的南部。从南北向剖面来看，盐22区块地层由北向南倾，并向南抬起；构造形态呈鼻状，闭合幅度200m左右，轴部中心位置在盐22－43~盐22－斜5井连线一带，两翼地层倾角约10°~15°。

二、地层特征

东营凹陷北部陡坡靠近陈家庄凸起母岩区，构造活动强烈，受古气候古地形影响大，地层以粗碎屑沉积物为主，岩性变化快。在太古界片麻岩组成的基岩斜坡上，由下向上、由老至新依次沉积了古近系孔店组、沙河街组、新近系馆陶组、明化镇组，地表为第四系平原组覆盖。

盐22井钻遇地层自下而上依次为沙河街组（沙四段、沙三段、沙二段、沙一段）、东营组、馆陶组、明化镇组及第四系平原组，其中，沙四段是该区的主力含油气层系，油藏埋深3000～4000m，盐22－23井钻遇砂砾岩体的厚度最厚达670m。

沙四段的岩性主要为砂砾岩体，岩性复杂，岩电关系特征不明显，缺乏标准层和标志层，地层划分和对比难度较大。利用地震资料，结合岩性和电性资料已描述出4套砂砾体。每套砂砾岩体的厚度为100～200m，相当于砂层组，其岩性以砾岩、细砾岩、砾状砂岩、含砾砂岩为主，夹灰色泥质砂岩和深灰色泥岩。

三、沉积特征

东营凹陷北部陡坡带具有山高坡陡、沟梁相间的古地貌特征，控制了各类扇体的发育，盐22沙四上砂砾岩体来自盐16古冲沟。盐16沟谷的基底断裂为铲式断裂，断裂坡度较陡，形成广泛发育的近岸水下扇砂砾岩体。

在盐22－22井3477.5m的岩心处，见无磨圆的杂质支撑的细砾岩；在3506m处，出现大小混杂的砾石及花岗片麻岩漂砾；在3512m，见砾石成分混杂、大小混杂、磨圆与棱角状共存现象，以及无分选、无定向的颗粒支撑的砾岩；在3686.5m，可见砾石成分混杂（石英、花岗片麻岩、灰岩）、无磨圆的尖棱状。此外，还发育直径达140cm的巨砾石，这些特征表明了砾岩是近源且快速堆积的碎屑流及重力崩落沉积。同时，在3344.4m处，岩心上、下部发育碳质纹层，中间细砂岩中可见粉砂质泥岩的砾石。总之，盐22区块近岸水下扇沉积具有砾石成分混杂、大小不一、磨圆与棱角状共存、无分选无定向、巨砾石等特征。

在地震剖面上，具有较典型的扇体地震反射特征。强振幅的扇体顶面反射在横剖面上呈丘形、纵剖面上呈楔形，扇根内部反射结构为杂乱弱反射，扇中部位形成与地层产状斜交的岩性反射界面，有时扇端部分与深湖－半深湖相泥岩呈指状交叉。

四、储层及油藏特征

沙四段砂砾岩体相变快、连续性差，大部分呈透镜状；岩性成分复杂、渗透率和孔隙度均低。岩心分析表明，盐22区块砂体平均孔隙度为10%，平均渗透率为$6.3\times10^{-3}\mu m^2$，属于低孔、特低渗的砂砾岩储层。

根据盐22－42井的高压物性资料，地层原油密度为0.6623g/cm^3，地层原油黏度为2.49mPa·s，饱和压力为19.23MPa，体积系数为1.475，气油比为125.7m^3/m^3，原油压缩系数为1.91×10^{-3}L/MPa。

根据盐22区块地层水分析资料，Cl^{-1}含量为17754mg/L，地层水矿化度为30249mg/L，水型为$CaCl_2$型。

根据盐22区块的测试资料，该块压力系数为0.98，温度梯度为3.39～3.6，属于常压常温系统。

第二节　砂砾岩体沉积特征

盐家地区砂砾岩扇体粒度粗、相变快，本小节从岩相、岩石组分、粒度结构、沉积构造等方面对其沉积特征进行了分析。

一、岩相特征

岩相是以岩石结构特征为主来反映各微相砂体形成过程的古水动力条件，也可以说，岩相是根据岩石结构特征划分出的几组岩石类型。在复杂岩性储集层中，孔隙度和渗透率的关系与岩相密切相关，不同岩相的渗透率差异可以达到100倍甚至更多，因此，对砂砾岩扇体储集层的岩相划分是十分重要的。

根据对取心井段的岩性统计，盐家地区出现的主要岩性有泥岩、砂质泥岩、砾状砂岩、含砾砂岩、中细砂岩、泥质砂岩、砂质砾岩、砾岩等。根据岩石的沉积环境及物性控制因素，将岩石分为砾岩相、砂岩相、泥岩相和混合岩相四大类岩相。砾岩相中由于岩石结构、构造和颗粒间的接触关系不同，物性差异很大，因此，又将砾岩相细分为颗粒支撑砾岩相和杂基支撑砾岩相。砂岩相根据层理类型可以划分为块状砂岩相、递变层理砂岩相、交错层理砂岩相、平行层理砂岩相、变形构造砂岩相、砾质砂岩相、典型浊积岩相7类；泥岩相根据岩性、泥岩颜色等可以划分为页岩－油页岩相、灰黑色泥岩相两类；混合岩相主要是薄层砂砾岩与泥岩的互层。这四大类十小类岩相类型反映了不同的沉积环境和水动力条件。

1. *砾岩相*

颗粒支撑砾岩相：包括同级颗粒支撑砾岩和多级颗粒支撑砾岩两种类型。前者砾石大小相等，颗粒呈点、线接触，充填物少或被砂质充填，物性和含油性最佳；后者砾石大小不等，填隙物以粗砂为主，物性和含油性稍差，主要发育于近岸水下扇的中扇。

杂基支撑砾岩相：其砾石呈漂浮状，充填物为粗杂基、细杂基，泥质发育，物性较差。主要发育于近岸水下扇的中扇和内扇（图2－3）。

(a)颗粒支撑砾岩相，盐22-22井，3396.8m

(b)颗粒支撑砾岩相，盐斜21井，3052.8m

(c)杂基支撑砾岩相，盐22-22井，3693.4m

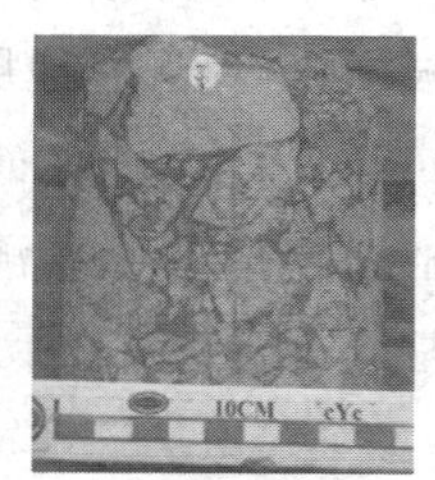
(d)杂基支撑砾岩相，盐227井，3752.2m

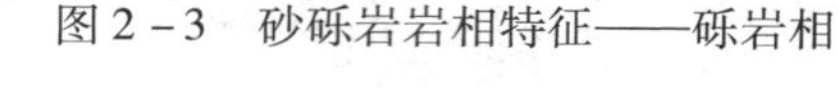
图2－3　砂砾岩岩相特征——砾岩相

(a)块状砂岩相，盐斜223井，3309m

(b)砾质砂岩相，盐22-22井，3384.6m

(c)变形构造砂岩相，盐22-22井，3350.1m

(d)递变层理砂岩相，盐227井，3740m

(e)递变层理砂岩相，盐22-22井，3384.3m

(f)平行层理砂岩相，盐斜21井，3135.3m

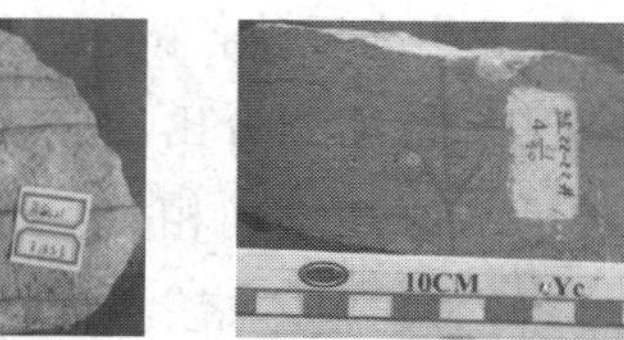
(g)交错层理砂岩相，盐22-22井，3385.35m

(h)典型浊积岩相，盐22-22井，3438.8m

图2－4　砂砾岩岩相特征——砂岩相

2. *砂岩相*

块状砂岩相：具有块状层理的砂岩相。主要为中粗砂岩，没有层理构造，碎屑大小较均一，偶含细砾，颗粒支撑结构，碎屑成分的成熟度较高。主要发育于近岸水下扇中扇（图2－4）。

递变层理砂岩相：具有递变层理的砂岩相。主要是中粗砂岩，碎屑颗粒分选较好，次圆状，颗粒支撑，一般自下而上表现为正韵律特征，以冲刷面与下伏岩层接触，反映水动力条件由强到弱的过程。主要发育于近岸水下扇中扇以及滑塌浊积岩等沉积相中。

交错层理砂岩相：具交错层理的砂岩相。底部有明显的冲刷面，具楔状、槽状、板状交错层理，下部含砾砂岩层理不十分清楚，向上随粒级变细层理明显，且规模变小，属分流水道沉积，例如近岸水下扇中扇辫状水道沉积。

平行层理砂岩相：具有平行层理的砂岩相。中细砂岩，具有平行层理，下部粒度较粗，上部逐渐变细，一般发育于交错层理砂岩相之上，同样属于水道沉积。

变形构造砂岩相：具有变形构造的砂岩相。中细砂岩，在砂岩与泥岩互层的序列中常见，变形构造发育，包括重荷模、火焰构造、液化砂岩脉、球枕构造等，一般发育于砂砾岩扇体的外扇部分，例如近岸水下扇的外扇，薄层砂岩与互层泥岩指状交互，在差异压实等因素下形成各种变形构造。

砾质砂岩相：这类岩相与块状砂岩是有区别的，不能用鲍玛序列进行解释。其底界起伏大，没有泥岩夹层，底面印痕规模大（槽模可以长达1m）。单层内，粒级层理发育，可以从底部的砾质砂岩向上发育为中砂岩。成层性好，并发育交错层理。见砾石富集成层或砂富集成层。交错层理多为中型的板状交错层理，波纹交错层理很少见。砾石定向排列。

典型浊积岩相：典型浊积岩组成的砂岩相。主要由一套中细粒砂岩、粉砂岩和砂质泥岩互层并频繁交替组成，具典型的复理石结构特点。浊积岩的岩性总体较细，但沉积特征十分典型，每个层序都有明显的突变底界面与下伏层序分开，在砂岩底界面上可见清楚的底痕构造，如冲刷痕、锯齿痕等。每个层序底部粒级最粗的中粗粒或细粒砂岩中，大都可见到粒度自下而上由粗变细的正递变层理，向上过渡为平行层理段、波纹－变形层理段，最上部为深湖相泥岩段，这反映了浊流沉积在形成过程中的悬浮搬运和强度逐渐减弱的特点。

3. 泥岩相

页岩－油页岩相：主要是深湖－半深湖相的页岩和油页岩，水平层理发育，主要发育在与近岸水下扇相邻近的深湖－半深湖相中（图2－5）。

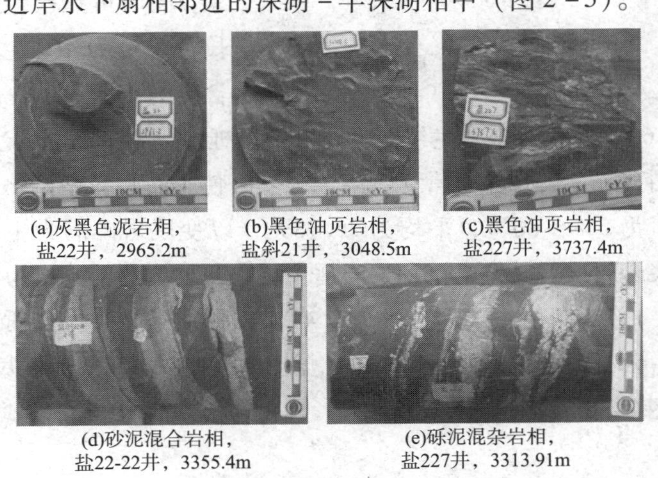

(a)灰黑色泥岩相，盐22井，2965.2m
(b)黑色油页岩相，盐斜21井，3048.5m
(c)黑色油页岩相，盐227井，3737.4m
(d)砂泥混合岩相，盐22-22井，3355.4m
(e)砾泥混杂岩相，盐227井，3313.91m

图2－5　砂砾岩岩相特征——泥岩相、混杂岩相

灰黑色泥岩相：主要是深湖－半深湖相的泥岩，有时可见水平层理，主要发育在与近岸水下扇相邻近的深湖－半深湖相中。

4. 混合岩相

混合岩相：主要是指薄层砂砾岩与泥岩互层的岩相，发育于各种砂砾岩扇体的边缘与湖相过渡的部位。

二、矿物岩石成分特征

岩石的组分特征能够反映物源区的性质及沉积时的沉积环境和水动力条件。盐家地区岩石类型主要是碎屑岩，包括复模态不等粒砂岩、中粗砂岩或含砾砂岩、细砾岩等。砾石成分复杂，分选磨圆差，反映近源快速堆积的特点。砂岩一般石英含量不高，岩屑、长石的含量比较高，成分成熟度较低，反映了沉积物搬运距离较短，沉积区离物源区较近。

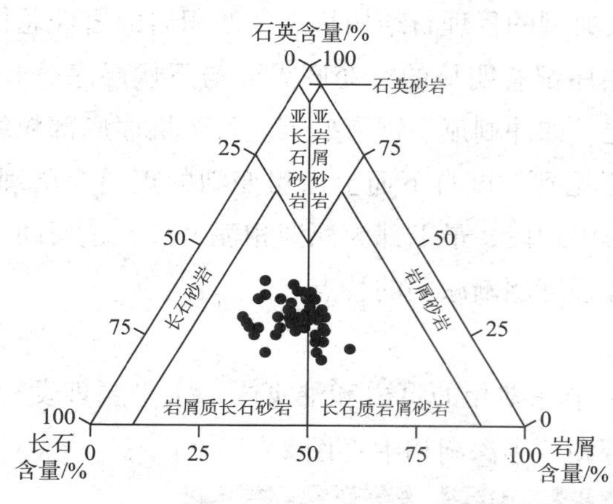

图 2－6　盐 22 区块砂岩岩矿成分三角图

砂岩类型主要为岩屑质长石砂岩，其次为长石质岩屑砂岩（图 2－6），杂基含量较高，分选较差。统计结果表明，盐 22 区块砂岩碎屑颗粒中石英含量为 20%～61%，平均为 37%，石英颗粒总体上表面干净，但颗粒表面常见裂纹。部分见波状消光现象，有时可见次生加大现象。钾长石含量为 4%～22%，斜长石含量为 1%～35%，长石总含量平均值为 33.65%，长石多发生绢云母化和高岭土化，表面呈土状，该地区长石加大现象较明显，溶解现象也常见，溶蚀强烈时使长石颗粒呈网格状，或仅剩残余。岩屑含量为 5%～80%，平均为 25.98%，以变质岩碎屑为主，其次是沉积岩岩屑和岩浆岩岩屑，其中，沉积岩岩屑主要为灰岩岩屑，其次为泥岩岩屑（图 2－7）。杂基一般为泥质，平均含量为 6.41%，个别样品为泥灰质或泥云质。胶结物主要为白云石、方解石及铁白云石，含少量的铁方解石、菱铁矿、黄铁矿及增生石英（图 2－8）。

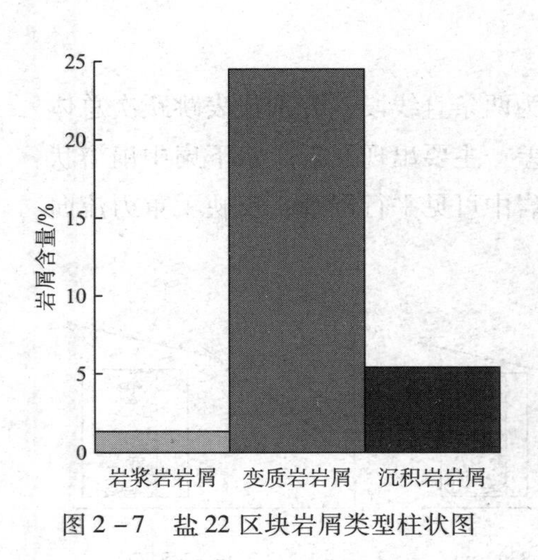

图 2－7　盐 22 区块岩屑类型柱状图

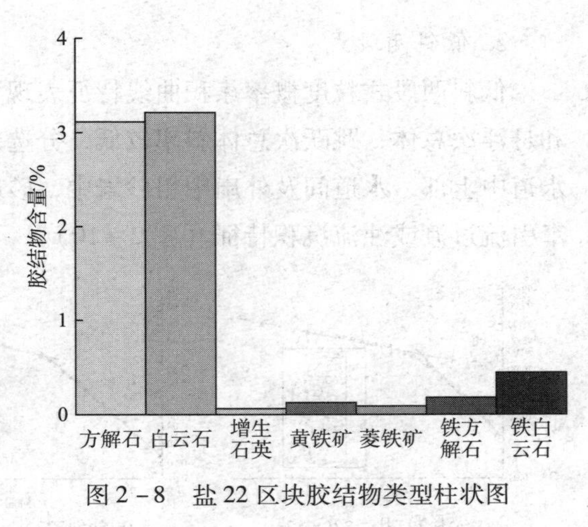

图 2－8　盐 22 区块胶结物类型柱状图

三、粒度特征

粒度是重要的碎屑岩沉积相标志之一，粒度概率累积曲线则是最常用的相分析基础图件。碎屑沉积物搬运介质的水动力条件、沉积时的流体性质和自然地理条件的不同，都会造成沉积物搬运方式和沉积方式上的差别，这些差别在粒度概率图上都会有所反映。粒度概率图一般由多个直线段组成，直线段的斜率代表分选性，线段越陡，分选程度越好。对盐家地区沙四上亚段砂砾岩中粒度较细的砾质砂岩、含砾砂岩、中粗砂岩的粒度分析发现，其粒度概率累积曲线主要包括宽缓上拱式和低斜两段式两种类型。

1. 宽缓上拱式

该类型粒度概率曲线特征表现为一条宽缓上拱的曲线，难以分出几个直线段，表明沉积物主要以悬浮搬运为主，水动力较强，主要出现在近岸水下扇中扇辫状水道中下部砾质砂岩、含砾砂岩中，反映了重力流能量降低、沉积物快速沉积的特征（图 2－9）。

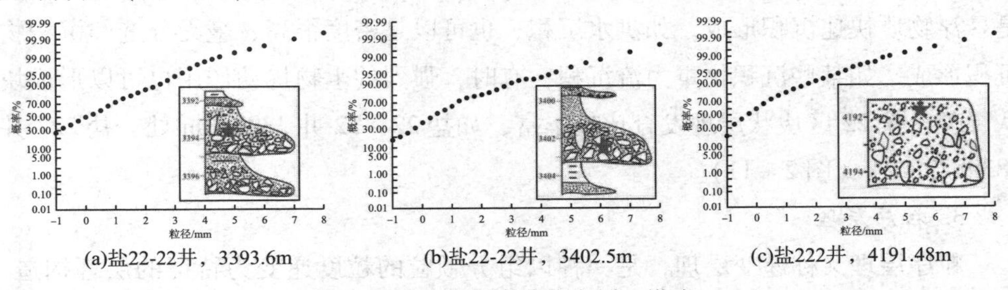

(a)盐22-22井，3393.6m　(b)盐22-22井，3402.5m　(c)盐222井，4191.48m

图 2－9　粒度概率曲线宽缓上拱式

2. 低斜两段式

低斜两段式粒度概率累积曲线特征表现为两条直线段，分别代表跳跃次总体和悬浮次总体；跳跃次总体斜率较低，分选差；主要出现在近岸水下扇中扇辫状水道中上部、水道间及外扇中粗砂岩中，砂岩中可见平行层理；反映了重力流向牵引流过渡或浊流沉积特征（图2－10）。

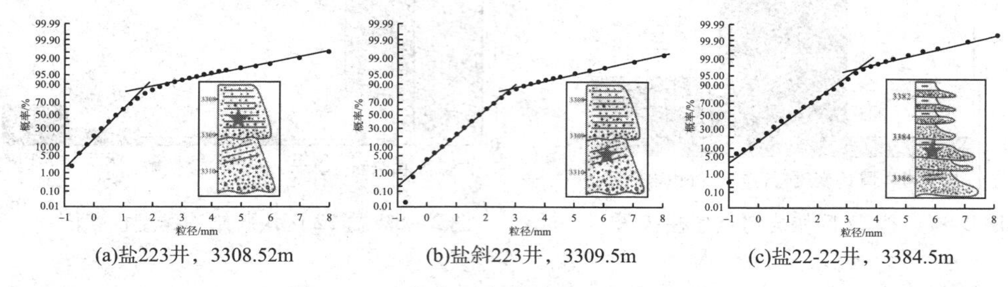

(a)盐223井，3308.52m　(b)盐斜223井，3309.5m　(c)盐22-22井，3384.5m

图2－10　粒度概率曲线——低斜两段式

四、沉积构造特征

沉积构造是一种十分重要的相标志，它反映了沉积介质的性质、流体水动力情况、沉积物的搬运和沉积方式。通过对盐家地区砂砾岩扇体取心井段岩心的精细观察描述可知，砂砾岩扇体具有十分丰富的沉积构造，包括物理成因的层理、层面、同生变形构造等。

1. 平行层理

平行层理主要产于砂岩中，外貌上与水平层理极为相似，但主要形成于强水动力条件下，反映急流高能环境，如河道、湖岸、海滩和浊流沉积的沟道等。盐22区块平行层理非常发育，很多具有平行层理的砂岩含油性较好，为油斑、油浸砂岩（图2－11）。

2. 块状层理

块状层理内部物质比较均匀，无论组分和结构都没有分异。块状层理既可以是悬浮物质快速沉积形成，如洪水沉积；也可以是密度很高、毫无分选的沉积物沉积形成，如某些沉积物重力流沉积；有时，强烈的生物扰动作用也可以形成块状层理。盐22区块状层理发育比较丰富，如盐22－22井3396.8m处、盐227井3839.83m处（图2－11）。

3. 粒序层理

粒序层理又称递变层理，是一种以组分颗粒的粒度递变为特征的层理构造，是大量悬浮物质从流体中快速沉降的结果，常与重力流沉积作用有关，按沉积物粒度变化规律可分为正粒序和反粒序。粒序层理是大量悬移搬运的物质从流体中快速沉降的结果，常与重力流沉积有关。砂砾岩扇体基本上都是正粒序，发育在重力流沉积中且底部常有冲刷面，如盐 22－22 井 3375m 处（图 2－11）。

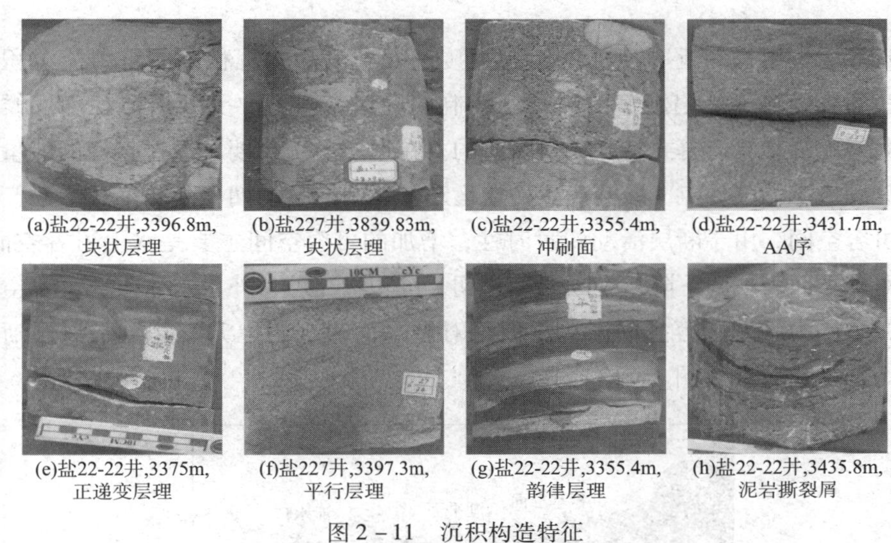

(a)盐22-22井,3396.8m, 块状层理　(b)盐227井,3839.83m, 块状层理　(c)盐22-22井,3355.4m, 冲刷面　(d)盐22-22井,3431.7m, AA序

(e)盐22-22井,3375m, 正递变层理　(f)盐227井,3397.3m, 平行层理　(g)盐22-22井,3355.4m, 韵律层理　(h)盐22-22井,3435.8m, 泥岩撕裂屑

图 2－11　沉积构造特征

4. 韵律层理

由层与层间平行或近于平行的、从数毫米至数十厘米的等厚的或不等厚的、两种或两种以上的岩性层的互层重复出现所组成，常见砂质层和泥质的韵律互层，称为砂泥互层层理。韵律层理的成因很多，可以是由潮汐环境中潮汐流的周期变化形成的潮汐韵律层理，也可以是由气候的季节性变化形成的浅色层与深色层的成对互层，即季节性韵律层理，还可以由浊流沉积形成复理石韵律层理，等等。盐 22 区块的韵律层理比较发育，系重力流成因，如盐 22－22 井 3355. 4m 处（图 2－11）。

5. 冲刷面

由于流速突然增加，流体对下伏沉积物冲刷、侵蚀，从而会形成起伏不平的冲刷面，冲刷面上的沉积物一般比下伏沉积物粗。洪积扇辫状水道、河流河道及三角洲的分流河道等沉积环境易于形成冲刷面。在所观察的取心井中，冲刷面很常见，冲刷面之上发育底砾岩且常与粒序层理相伴生。如盐 22－22 井 3355. 4m 处（图 2－11）。

滑塌变形构造指未固结的沉积物在重力作用下发生滑动而形成的变形构造以及各类不规则的扭曲变形层理构造。该构造一般伴随快速沉积产生，是水下滑坡的良好标志（图 2－11）。

第三节　地质事件对砂砾岩体沉积的控制作用

近岸水下扇是邻近高地的沉积物直接进入湖泊深水沉积区的重力流沉积扇体，一般多发育于断陷湖盆的断层所控制的陡坡带，主要受断层活动和气候控制。断层的活动具有幕式特征，是瞬时的。在地质历史时期，经过长期的能量积累，达到一定的临界点，就会产生构造运动。在断层活动期，断层幕式活动产生新增可容空间，由于断层活动的瞬时性，增加的可容空间主要是水上可容空间，但绝对湖平面表现为下降；在断层静止期，沉积物充填，外界水注入，可容空间减少，主要为水上可容空间减少，但绝对湖平面表现为上升，甚至水深逐渐增加，特别是陡坡带（图 2－12）。

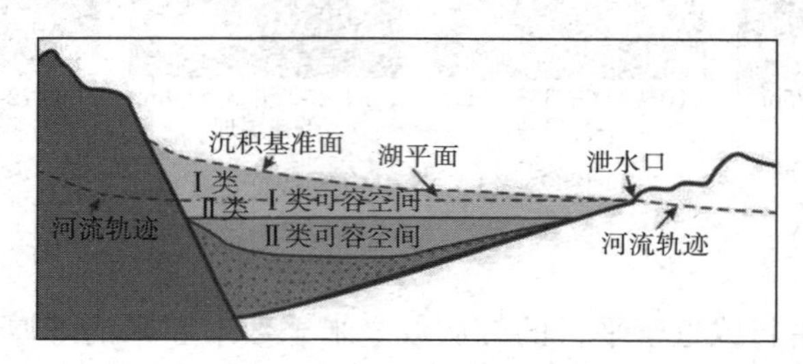

图 2－12　断层幕式活动和沉积物充填控制下可容空间再分配模式

古近系沉积时期，在陈南断裂的断陷及风化剥蚀的共同作用下，在盐 22 区块的基底发育了盐 16 古冲沟，形成了山高、坡陡、沟梁相间的古地貌特征。盐 16 沟谷的基底断裂形态为铲式断裂，断裂坡度较陡，广泛发育砂砾岩扇体。

断层活动期，在物源供给充足的情况下会有泥石流沉积，沉积迅速，紧靠断层呈块体分布，厚度大、范围小、粒度粗。由于沉积物没有经过长距离搬运，泥石流沉积以杂基支撑的大套砂砾岩为主，砾岩层的底界不规则，层内极其紊乱，砾石多呈棱角状，且磨圆差。断层衰弱期，一般发育洪水沉积，辫状水道发育，改道频繁，砂体叠置复杂，范围大，垂向上表现为多沉积旋回正序叠加的特点，横向上不同期次沉积作用补偿迁移叠加，不同期次间发育稳定泥岩。断层静止期，正常沉积会发育河流，沉积时间长，沉积物以泥岩为主，夹粉砂质泥岩，粒度细，厚度小，范围大。

第四节　砂砾岩体沉积作用类型

根据砂砾岩的沉积作用类型不同，可将沉积物分为泥石流、洪水和牵引流。泥石流是在山麓环境中常见的在水流中含大量弥散的黏土和粗细碎屑而形成的黏稠的呈涌浪状前进的一种流体。这种流体中沉积物的密度大，约为 1.8 ~2.3 t/m^3，固体体积大，一般为40% ~60%，最高达 80%，稠度大，水不是搬运介质，而是组成物质，固液两相物质呈整体运动，具层流运动性质。而洪水密度小，一般为1.2 ~1.8t/m^3，固体体积小 ，一般为10% ~40%，稠度小，以水为主要成分，水为搬运介质，流体呈紊动流状态，连续流动，固体物质以滚动、跳跃、悬浮方式搬运。牵引流沉积发生在断层活动的静止期，沉积时间长、沉积厚度小、沉积范围大、沉积粒度细。

第五节　砂砾岩体沉积模拟实验

沉积模拟实验是在中国石油大学（华东）沉积模拟实验室中进行的。实验水池长5m，宽3.8m，深1.3m，三侧为水泥墙，一侧为钢化玻璃（用于实验观察）；供水设备为总容量达5m^{3}的水箱和 2 个活动供水管；有两个固定出水口排水，一个在0.5m 深处，另一个在池底，此外还有一个潜水泵活动排水。实验室配备有两台大功率搅拌机，可以同时向水池内持续供应泥沙，并配有照相机、录像机等一系列实时监控设备，另外，实验水池上装有测量桥、标尺等实验辅助工具。

一、实验设计

以构造背景为基础、几何相似为原则、结合现代沟谷形态，设计了实验基底斜坡，其形态参考盐家太古界基底构造（图2 –13）。

该实验以东营凹陷北部陡坡带东段盐家地区构造特征为背景，该区为陈南边界断层所控制的陡斜坡构造带，其北部为陈家庄凸起，东部为青坨子凸起，西部为胜坨地区，南临民丰洼陷。陈南断裂在后期构造运动和风化剥蚀的共同作用下，形成了断坡陡峭、山高谷深、沟梁相间的古地貌，在该区主要发育盐16 沟和盐18沟两大古冲沟，冲沟间为盐17梁。在沙四上亚段沉积时期，断层下降盘广泛发育近岸水下扇砂砾岩体。

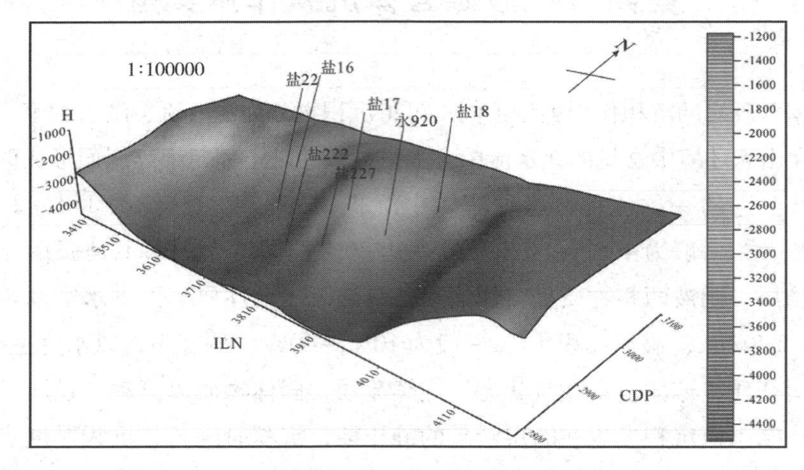

图2-13　盐家太古界基底构造图

综合利用地震资料和测井资料，对该区进行了古地貌恢复，总结认为该区沟、梁具有上陡下缓、上窄下宽的特征（图2-14、图2-15），沟、梁角度分别为盐16沟27.4°~22.3°、盐17梁31.8°~25.2°、盐18沟26.2°~18.7°，上部沟梁差异明显，到斜坡下部沟梁基本一致。

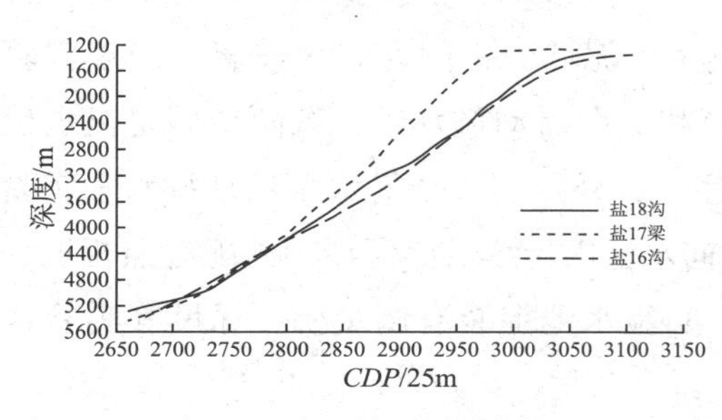

图2-14　盐家沟梁纵剖面

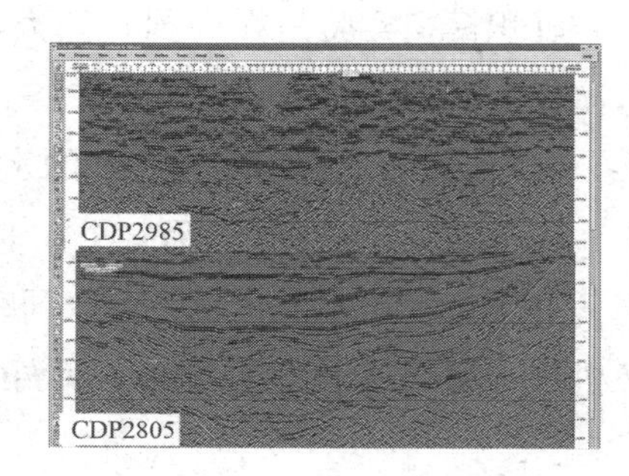

图2-15　盐家沟梁横剖面

根据盐家基底斜坡特征，在实验水池内结合现代沟谷形态设计了实验基底，实验基底分为两部分，断层斜坡和平缓湖底。断层斜坡又可分为沟、梁两部分（图2-16），沟谷基底呈“S”形，由上部较缓的峡谷和下部上陡下缓的铲式斜坡组成，上部约18°，中间较陡，约26°，下部又较缓，约18°，其剖面如图2-15所示，沟间角度上下一致，约32°，各部分之间呈渐变过渡，两沟上窄下宽，到斜坡底部沟、梁基本一致。平缓湖底设计为与断层斜坡相向，角度约为5°，其与断坡间为渐变关系。断层斜坡由水泥制成，平缓湖底采用可移动铁板。

整个水槽模拟实验装置如图 2 - 17、图 2 - 18 所示。

图 2 - 16　实验基底斜坡

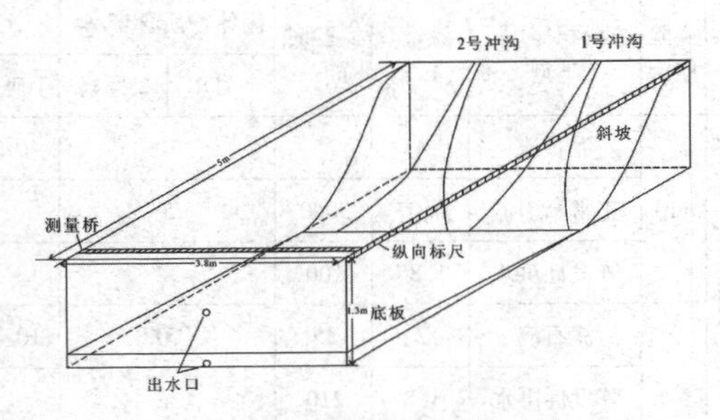

图 2 - 17　水槽模拟实验装置示意图

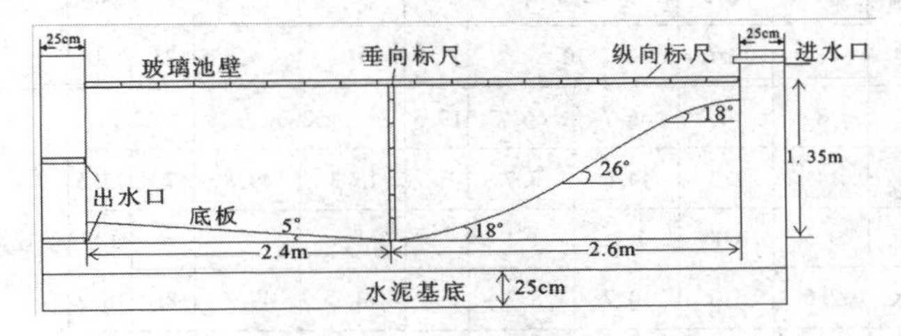

图 2 - 18　实验基底斜坡沟谷处纵剖面示意图

二、实验方案

该水槽模拟实验共分两组，一组为单古冲沟、单物源、湖平面稳定实验，另一组为双古冲沟、双物源、湖平面分为快速上升和高位稳定两阶段的实验。在砂砾岩体沉积成因机制的指导下，结合盐家地区岩心观察沉积物特征和现代沉积考察，设计了实验过程和实验参数，实验参数统计如表 2 - 1 所示。

对于单物源控制下的模拟实验，实验过程相对简单，设计了湖平面稳定不变情况下分别由泥石流、洪水、牵引流组合成的两个旋回的实验。对于双物源模拟实验，实验过程分为湖平面快速上升和高位稳定两个阶段、四个旋回，第一旋回湖平面快速上升，第二、第三、第四旋回湖平面高位稳定。为了讨论控制砂砾岩体沉积特征的控制因素，每个物源在不同的阶段和同一阶段不同物源间流体性质都有差别。第一旋回 1 号冲沟（定义南侧冲沟为 1 号沟）物源供应充足，2 号冲沟物源供应不充足，第二旋回将物源特征对调，第三、第四旋回物源供应特征一致。另外，每个旋回内部又分为多种沉积作用和多个期次，每个期次流速流量又不一致。

表 2-1 近岸水下扇水槽模拟实验参数统计

实验期次		沉积作用类型	流量/(L/s)	实验时间/s	固体物质含量/%		沉积物组成（体积分数）/%					湖平面变化特征	开始水深/cm	结束水深/cm
					1 号扇	2 号扇	中砾	含砾粗砂	中-细砂	粉砂	黏土			
单物源模拟实验	run1	泥石流	4	25	70		40	25	5	10	20	高位稳定	60	60
		正常牵引流	0.07	3000	5						100		60	60
		阵发性洪水	1.85	100	32			10	45	25	20		60	60
	run2	泥石流	2	25	70		10	55	5	10	20		60	60
		阵发性洪水	1.3	210	32			10	45	25	20		60	60
		正常牵引流	0.25	4800	3.8						100		60	60
		阵发性洪水	1	1380	10			10	45	25	20		60	60
双物源模拟实验	run1	泥石流	8	6	66.7	66.7	19.5	58.3		22.2		快速上升	67	67
		阵发性洪水	4	210	14.6	8.7		15.3	49.8	17.4	17.5		67	76
		正常牵引流	0.5	4800	1.1	1.1					100		76	83
		阵发性洪水	2.6	510	10.7	5.3		14.2	49.5	18.2	18.2		83	100
		正常牵引流	0.5	3600	4.3	4.3					100		100	106
	run2	阵发性洪水	4	210	14.4	28.7		14.5	47.7	14.2	23.6	高位稳定	106	114
		正常牵引流	0.5	1800	2.9	2.9					100		114	115
		阵发性洪水	2.6	330	14.1	28.1		14.5	47.7	14.2	23.6		110	113
		正常牵引流	0.5	4200	3.7	3.7					100		113	113
	run3	泥石流	8	6	66.7	66.7	19.5	58.3		22.2			113	113
		阵发性洪水	4	210	14.5	14.5		15.4	46.1	14	24.5		113	115
		正常牵引流	0.5	1800	2.9	2.9					100		115	115
		阵发性洪水	2.6	330	14.2	14.2		15.4	46.1	14	24.5		115	118.5
		正常牵引流	0.5	4200	3.7	3.7					100		111	113
	run4	泥石流	8	6	66.7	66.7	19.5	58.3		22.2			113	113
		阵发性洪水	4	240	12.7	12.7		15.4	46.1	14	24.5		113	114.5
		正常牵引流	0.5	2400	2.1	2.1					100		115	115

三、实验过程及现象

按照实验方案实施实验，各个旋回在实验实施过程中具有一定的相似性，下面以其中双物源模拟实验第一个旋回为例，说明实验方案的实施过程和在此过程中的一些现象。

第一旋回第一期次模拟的是泥石流沉积作用。先将泥石流沉积物在大盆中搅拌均匀后，直接倾倒入冲沟中，倾倒时间总计5s。泥石流沉积物沿冲沟迅速下冲，大部分泥石流沉积物搬运距离近，在斜坡的根部快速堆积，部分泥质沉积物由于冲力作用，继续向前搬运，直至池后壁（图2－19）。

图2－19　泥石流沉积作用特征

第一旋回第二期次模拟的是阵发性洪水沉积作用。本期次是利用大功率搅拌机将沉积物搅拌均匀后，将流量调为4L/s，通过导管将洪水流体引致冲沟内，实验时间为210s。阵发性洪水流量大，流速大，以高速紊流态入水，流体入水前，携带了一些空气，流体入水后，受到水体的阻挡，气泡涌出，使得小部分流体发散，但由于阵发性洪水密度大、流速大，大部分流体仍以底流的形式翻滚向前运动，呈现涌浪状，明显表现出底部速度大，上部速度小的特征，直到池后壁，然后向上翻滚回返，早期池底为涌浪状底流、上部清澈，后期池水呈现整体浑浊状态，仅表层的10cm左右相对清澈，实验放水后，在扇体表面可见底流作用下形成的流水波痕（图2－20）。

图2－20　阵发性洪水沉积作用特征

第一旋回第三期次模拟的是正常牵引流沉积作用。该期次是利用大功率搅拌机将沉积物搅拌均匀后，将流量调为0.5L/s，通过导管将流体引致冲沟内，实验时间为4800s。本期次的特点是流量小，沉积物的浓度低，呈悬浮状扩散，入水后缓慢运动、无翻滚现象（图2－21）。

图2－21　牵引流沉积作用特征

第一旋回第四期次模拟的是慢速洪水沉积作用。该期次是利用大功率搅拌机将沉积物搅拌均匀后，将流量调为2.6L/s，通过导管将洪水流体引致冲沟内，实验时间为510s。基本特征与第二期次洪水相同。

第一旋回第五期次模拟的是正常牵引流沉积作用。该期次是利用大功率搅拌机将沉积物搅拌均匀后，将流量调为0.5L/s，通过导管将洪水流体引致冲沟内，实验时间为3600s。基本特征与第三期次牵引流相同。

其他旋回期次的实验，在实施过程中，除了控制条件有所改变外，具体的操作基本相同。在整个实验过程中，沉积扇体始终位于水面之下。

四、实验结果解剖分析

以“网格化解剖、分块描述、整体分析”为思路，遵循“精细、有序、力求完整”的原则，精细解剖分析实验沉积体。将实验沉积体网格化，分为多块（图2－22），分块精细描述，然后将剖面拼接起来，进行整体分析，剖面切割过程中必须精细有序，保证沉积体的完整性，以利于剖面拼接、整体分析。

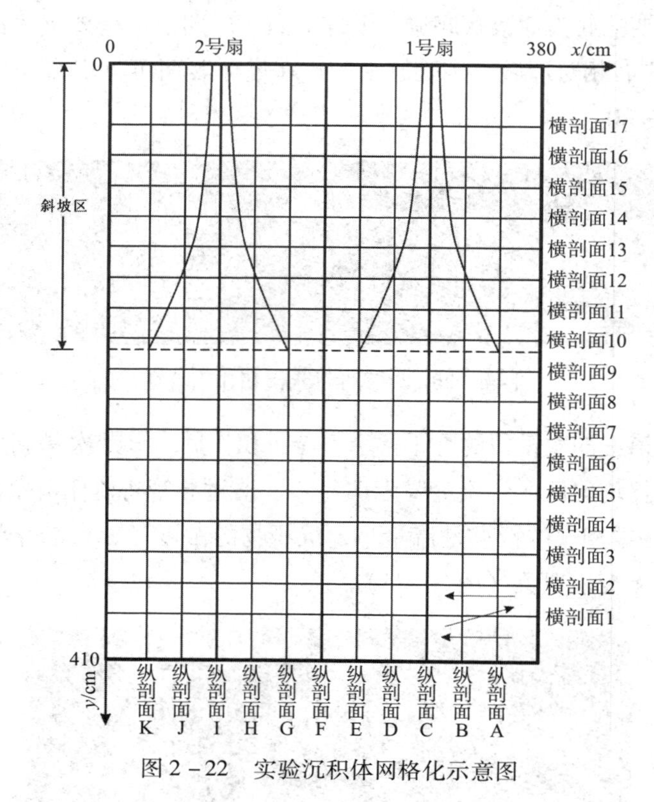

图2－22　实验沉积体网格化示意图

单物源模拟实验解剖相对粗糙，只切了4条横剖面和扇中央一条纵剖面，双物源模拟实验解剖精细，一共选取了17条横剖面和11条纵剖面，其中，在两扇的正中央和扇间中央处有3条主要纵剖面。

五、砂砾岩体沉积成因模式

1. 沉积特征

不同的沉积作用类型，其产物沉积特征有较明显的差异。泥石流沉积，沉积速度快，紧靠断层分布、展布范围小，无分异，泥质杂基含量高，呈块状，储集物性差（图2－19）。

洪水沉积，在沉积物表面可见到明显的辫状水道，且在横剖面上可见到条带状水道沙，推进距离远，展布范围大，有明显的分异作用，粒序特征明显，有利于储层发育（图2－23），期次之间多侵蚀切割、泥岩不发育；正常牵引流全区沉积，厚度小但一般全区可对比，在湖平面快速上涨且后期洪水侵蚀作用弱时保存相对较完整，在湖平面高位稳定期，洪水侵蚀作用强，在靠近扇根处常被侵蚀。

图2－23　洪水沉积特征

2. 沉积样式

近岸水下扇是在控盆断层幕式活动和气候控制下，泥石流、山区洪水、牵引流等多种沉积作用形成的有序组合体。早期断层活动强烈，物源供应充足，泥石流和高密度山区洪水发育，沉积速度快、厚度大；随着断层活动减弱，砂砾岩体退积及物源量减少，主要发育气候控制下的山区洪水和河流沉积作用，沉积作用时间长、粒度细、厚度薄。在垂向上表现为自下而上砾岩层数减少、厚度减薄，泥岩层数增多、厚度增大的正旋回叠置特征。每个正旋回都是多种沉积作用形成的有序组合体，是构成近岸水下扇的基本单元。在一个沉积旋回晚期或砂砾岩体沉积间断期，物源供应不足，以沉积正常湖相泥岩为主，该泥岩为砂砾岩体沉积间断期的产物，分布广泛而稳定（扇根处常被侵蚀）。总体上呈现多沉积作用有序组合、多沉积旋回正序叠加，不同期次间稳定泥岩发育的沉积样式（图2－24）。

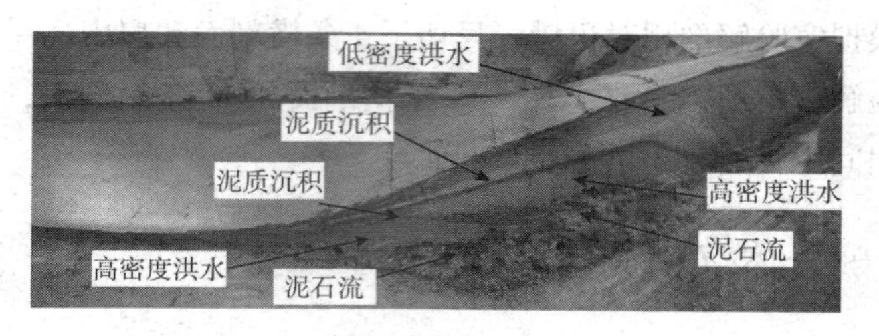

图 2－24　单古冲沟模拟实验沉积纵剖面

湖平面快速上升期以纵向快速退积为典型特征（图 2－25），湖平面上涨速度快，可容空间增大速率远远大于沉积物供给速率，表现为纵向上的快速退积，横向上的左右迁移摆动作用不明显；湖平面高位稳定期以横向补偿迁移叠置为典型特征（图 2－26），湖平面高位稳定时，湖盆可容空间基本上不变，沉积物供给速率大于可容空间增长速率，当在一个方向於高时会自动摆向沉积物少、可容空间更大处堆积。

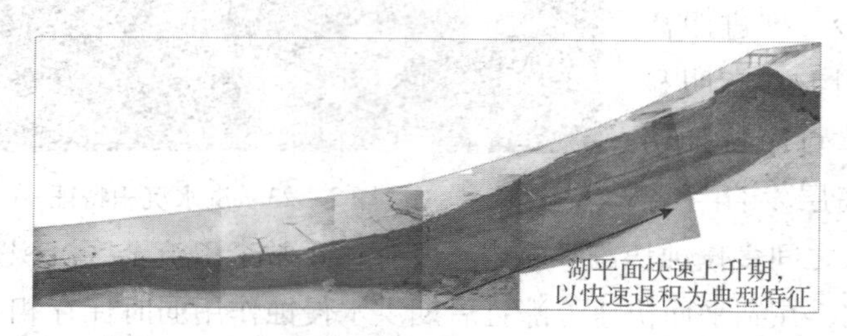

图 2－25　双古冲沟沉积模拟实验 1 号扇纵剖面

图 2－26　双古冲沟沉积模拟实验 1 号扇横剖面

利用扇体解剖过程中测量的各网格化点上的各期次厚度数据，并结合扇体解剖分析，绘制了双物源模拟实验各个期次的扇体平面展布图（图 2－27）。对各期次扇体展布特征综合分析认为，在沉积早期，湖盆可容空间大、斜坡陡，沉积物首先充填先期古地貌洼地，紧靠斜坡根部分布，展布范围小，两扇体孤立发育；后期受有效可容空间控制，不断迁移摆动，且展布范围大，两扇体连片发育，整体上表现为早期填洼补齐、扇体孤立，后期扇体连片发育。

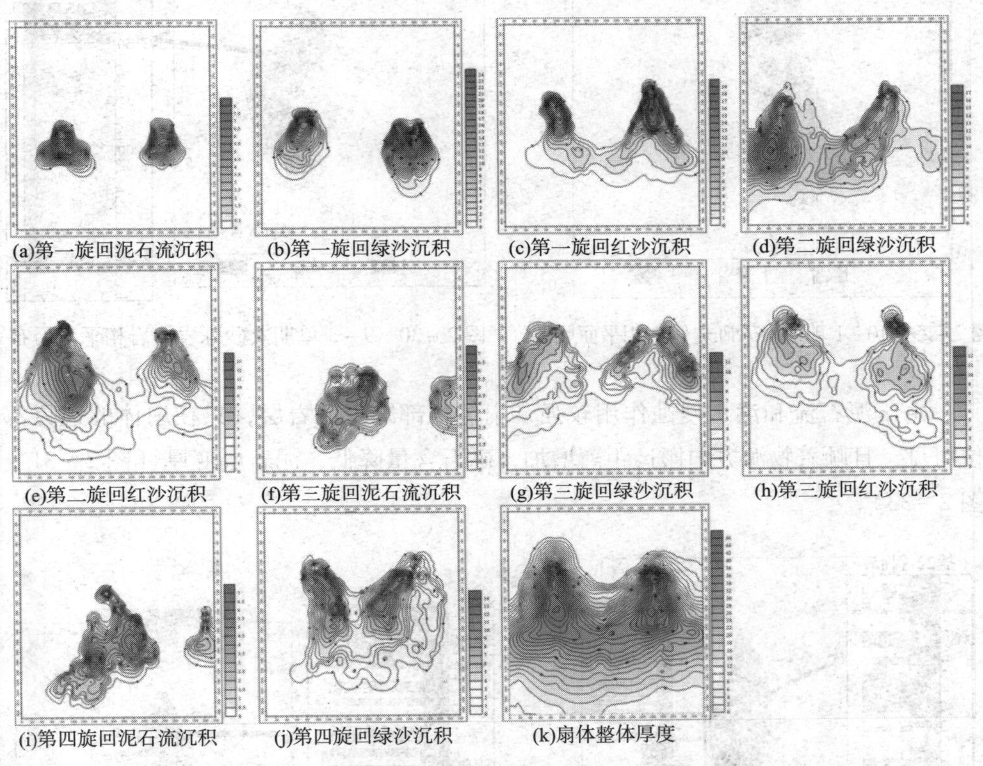

图 2－27　双物源沉积模拟实验各期次扇体展布特征

六、砂砾岩体扇体规模定量预测

1. 单期次砂砾岩体平面展布特征

随着沉积物搬运距离增加，水动力能量减弱，砾石含量降低，泥岩夹层变厚（图 2－28）。岩相逐渐由砾岩相过渡到砾质砂岩相和含砾砂岩相，最终为厚层泥岩夹薄层砂岩相（图 2－29、图 2－30）。

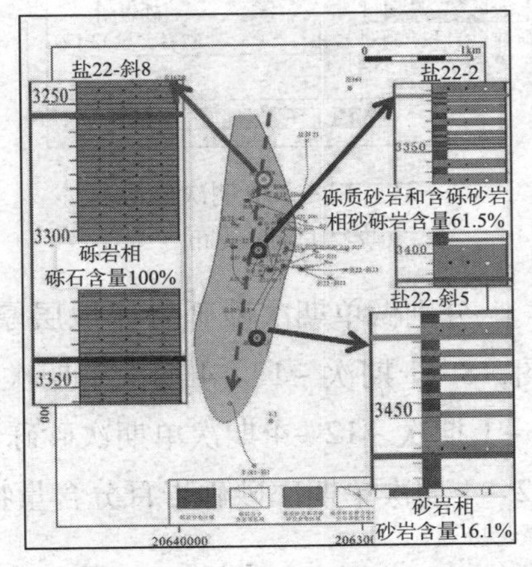

图 2－28　10－1 单期次砂体平面展布图

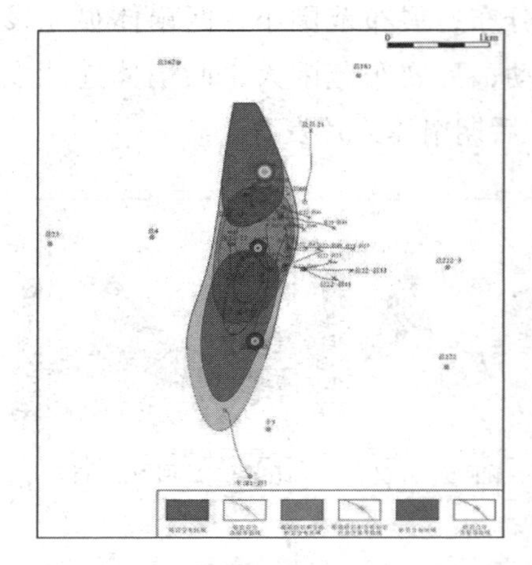

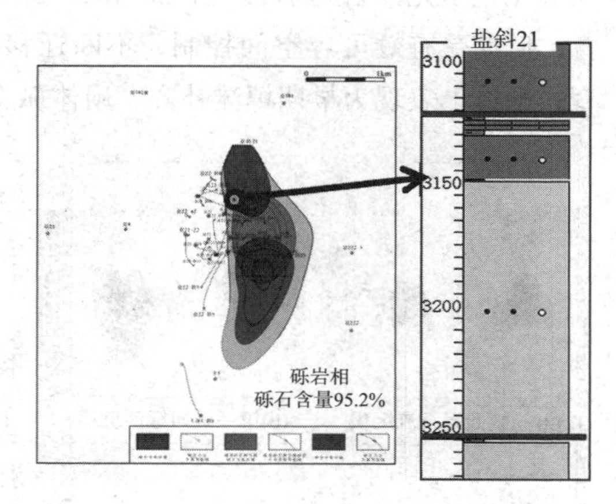

图2－29　10－1单期次砂砾岩体岩相平面展布　　图2－30　9－3单期次砂砾岩体岩相平面展布

由于泥石流和洪水侵蚀作用较强，扇体根部缺少泥岩层，只在扇体的边界部位可见，且顺着物源方向搬运距离增加，砾石含量降低，泥岩层变厚（图2－31～图2－33）。

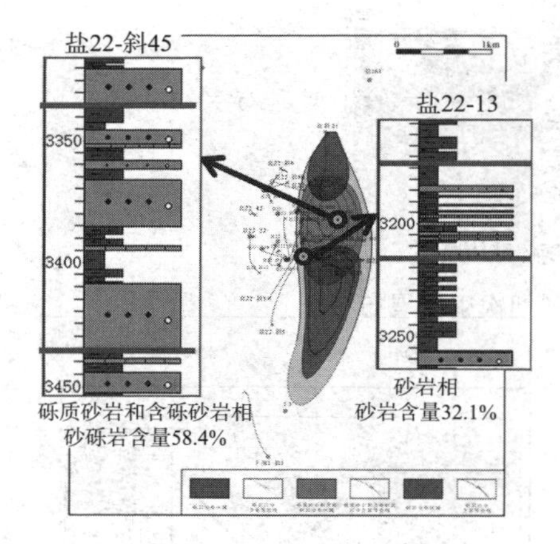

图2－31　12－3单期次砂砾岩体岩相平面展布

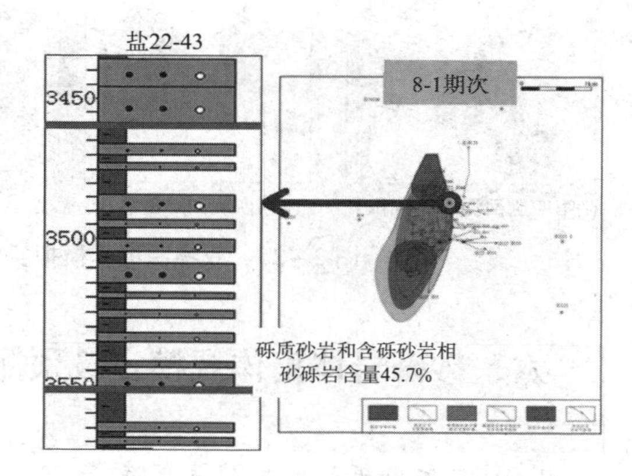

图2－32　8－1单期次砂砾岩体岩相平面展布

分别做单期次砂砾岩体地层厚度、砂砾岩体厚度及砂砾岩百分含量等值线图，8－1期次～12－4期次单期次砂砾岩体地层厚度展布特征如图2－34所示，8－1期次～12－4期次单期次砂砾岩厚度展布特征如图2－35所示，8－1期次～12－4期次单期次砂砾岩百分含量特征如图2－36所示。

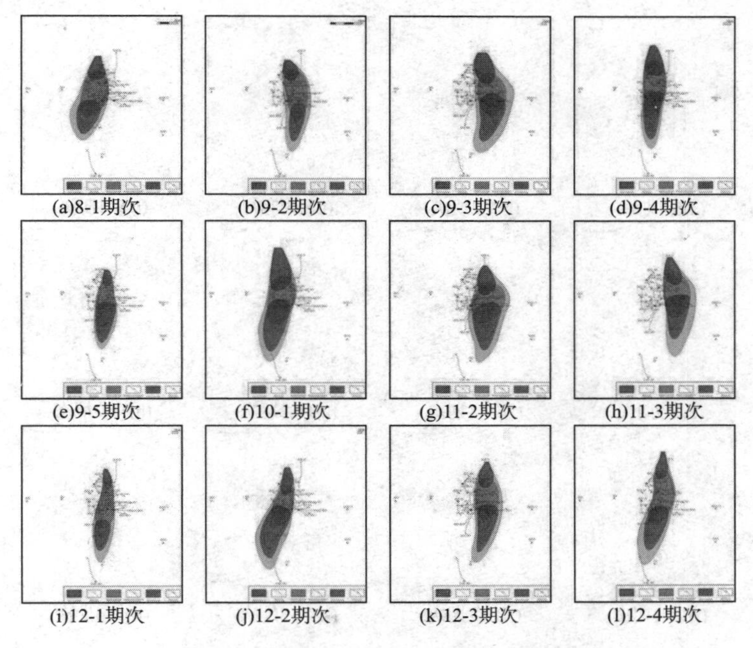
(a)8-1期次 (b)9-2期次 (c)9-3期次 (d)9-4期次
(e)9-5期次 (f)10-1期次 (g)11-2期次 (h)11-3期次
(i)12-1期次 (j)12-2期次 (k)12-3期次 (l)12-4期次

图 2－33 单期次砂砾岩体岩相平面展布

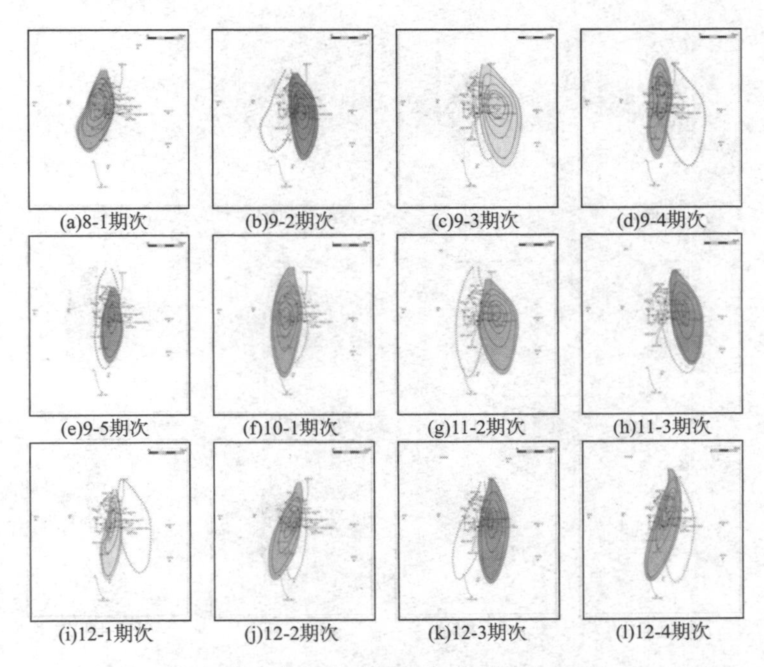
(a)8-1期次 (b)9-2期次 (c)9-3期次 (d)9-4期次
(e)9-5期次 (f)10-1期次 (g)11-2期次 (h)11-3期次
(i)12-1期次 (j)12-2期次 (k)12-3期次 (l)12-4期次

图 2－34 单期次砂砾岩体地层厚度平面图

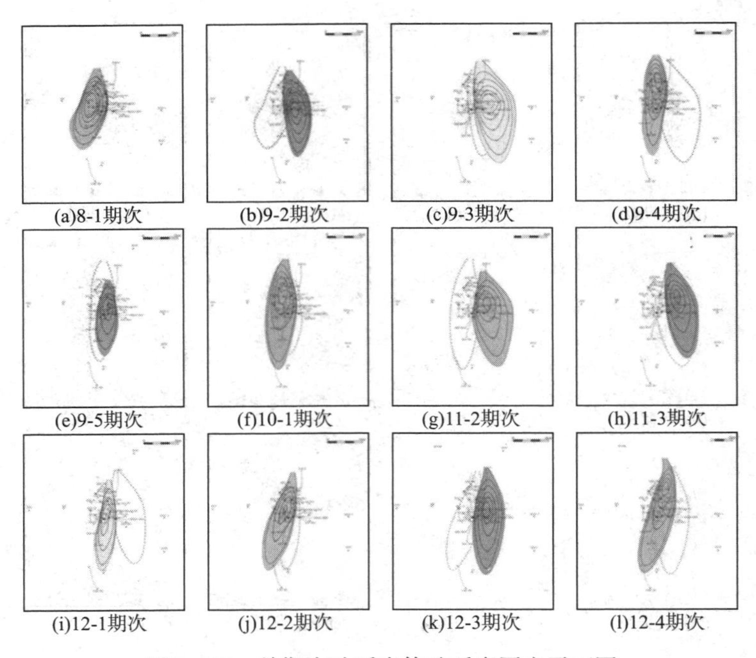
(a)8-1期次 (b)9-2期次 (c)9-3期次 (d)9-4期次
(e)9-5期次 (f)10-1期次 (g)11-2期次 (h)11-3期次
(i)12-1期次 (j)12-2期次 (k)12-3期次 (l)12-4期次

图 2－35　单期次砂砾岩体砂砾岩厚度平面图

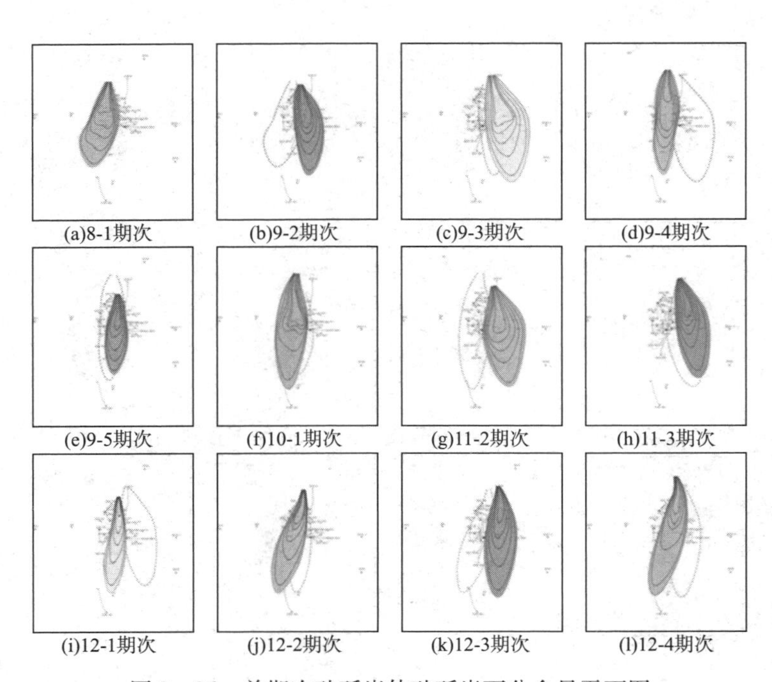
(a)8-1期次 (b)9-2期次 (c)9-3期次 (d)9-4期次
(e)9-5期次 (f)10-1期次 (g)11-2期次 (h)11-3期次
(i)12-1期次 (j)12-2期次 (k)12-3期次 (l)12-4期次

图 2－36　单期次砂砾岩体砂砾岩百分含量平面图

2. 单期次砂砾岩体分布规律

首先，确定单期次砂砾岩扇体的边界值。该单期次地层厚度为 10.625m，盐 22－斜 5 井累计砂砾岩厚度为 5.75m，共 6 层（图 2－37）。该单期次地层厚度为 8.995m，盐 22－斜 3 井累计砂砾岩厚度为 4.1m，共 5 层（图 2－38）。

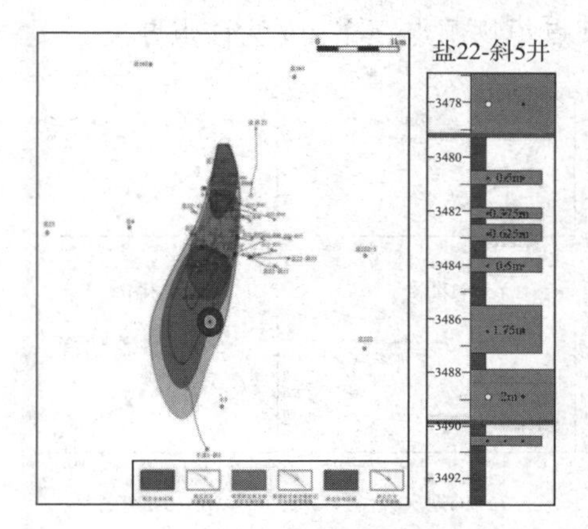

图 2－37　12－2 期次扇体边界砂砾岩厚度

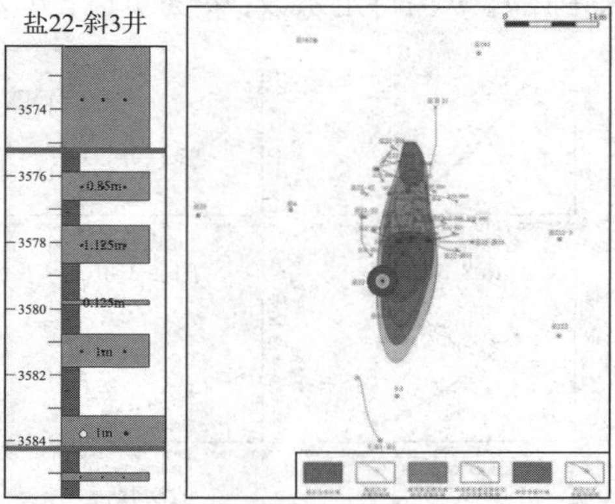

图 2－38　9－5 期次扇体边界砂砾岩厚度

通过对单期次砂砾岩体含油性分析，可以看出当砂砾岩厚度大于 5m 时，以油层为主，小于 5m 时以干层为主，因此，选 5m 砂砾岩厚度作为单期次砂砾岩扇体的边界值（图 2－39）。

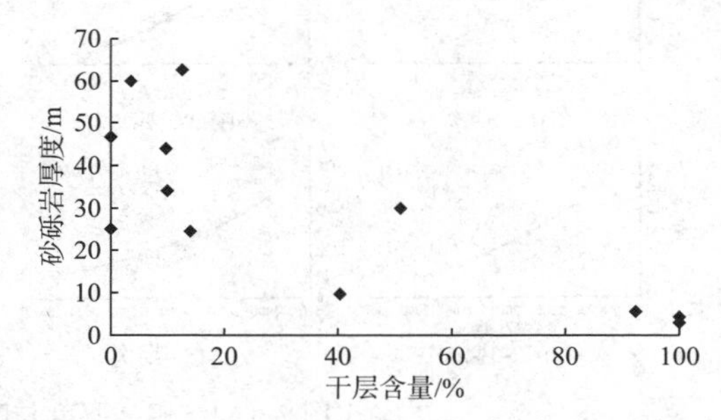

图 2－39　单期次砂砾岩体含油性分析

分析单期次 5m 砂砾岩厚度范围内单层砂砾岩厚度直方图及单层砂砾岩百分含量直方图可看出，单层砂砾岩厚度以小于 1m 为主（图 2－40），单层砂砾岩百分含量多集中在 1%～5% 的范围内（图 2－41），反映了砂砾岩体层多而薄，被泥岩分隔，开发效果差。

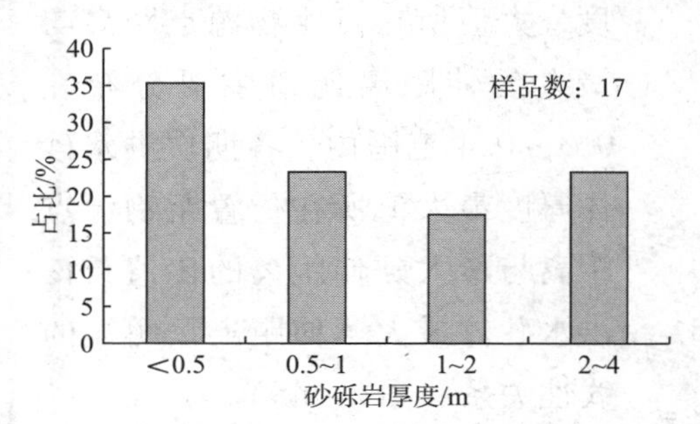

图 2－40　单层砂砾岩厚度直方图

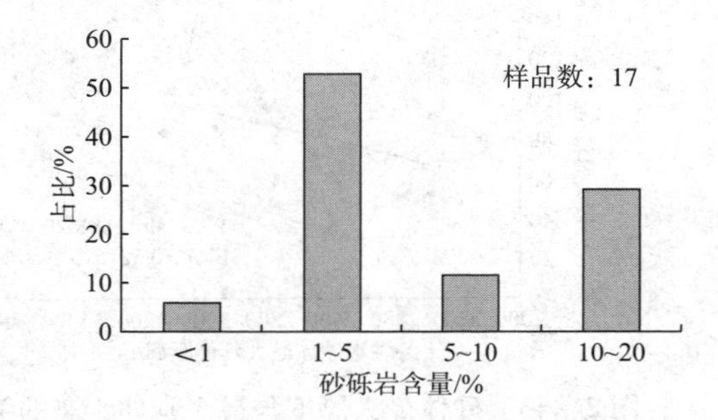

图 2－41　单层砂砾岩百分含量直方图

精细解剖盐 22 区块砂砾岩扇体，总结了其厚度随物源点距离的递变规律（由扇体最厚点向扇缘方向）。

通过对盐 22 区块砂砾岩扇体 14 个期次洪水砂体分析（图 2－42），可知盐 22 区块砂砾岩扇体某点厚度与该点距物源点距离呈对数关系，满足 $h = a\ln d + b$。式中，a、b 为待定系数，a 为负值；d 为某点距物源点距离；h 为该点厚度。

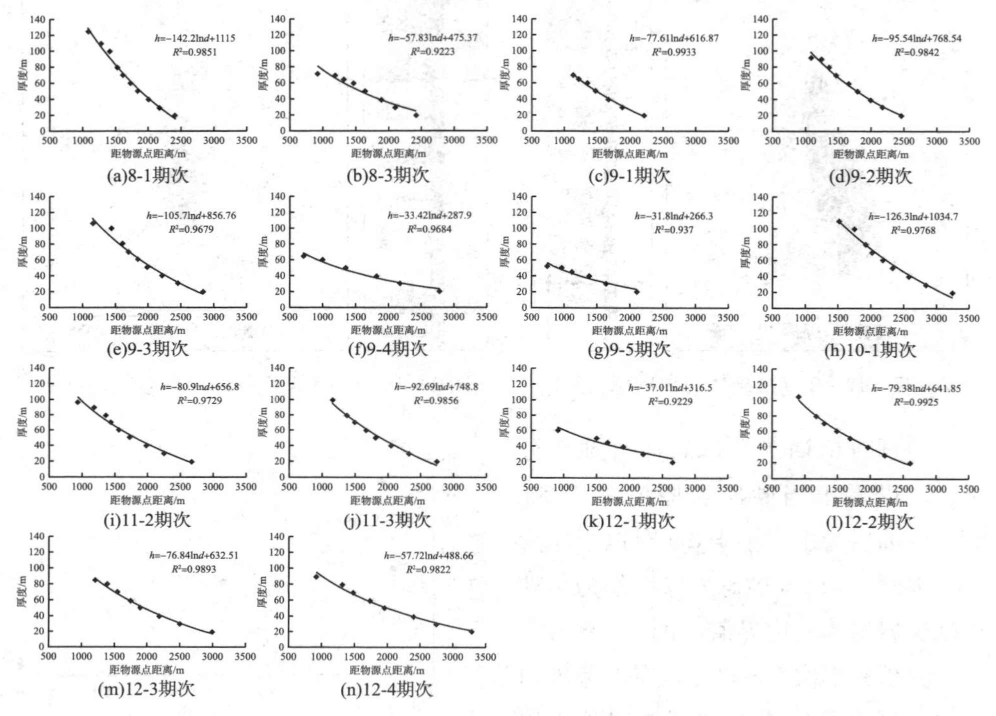

图 2－42　扇体厚度与距物源点距离的关系

各期次洪水砂体厚度最大值及厚度最大值所在点距物源点距离与该洪水砂体最大延伸距离呈明显的线性关系（图 2－43、图 2－44）；各期次洪水砂体厚度最大值所在点距物源点距离与最大延伸距离比值主要分布在 0.3～0.4 范围内，各期次洪水砂体厚度最大值所在位置距物源点距离与最大延伸距离的比值与该洪水砂体最大延伸距离呈明显的线性关系（图 2－45）。

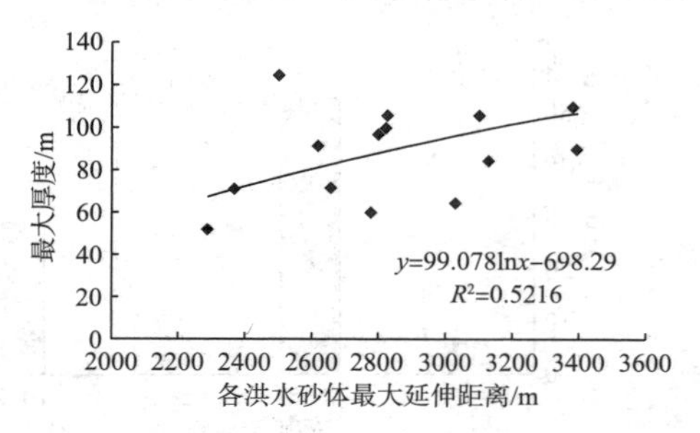

图 2－43　砂体最大厚度与最大延伸距离的关系

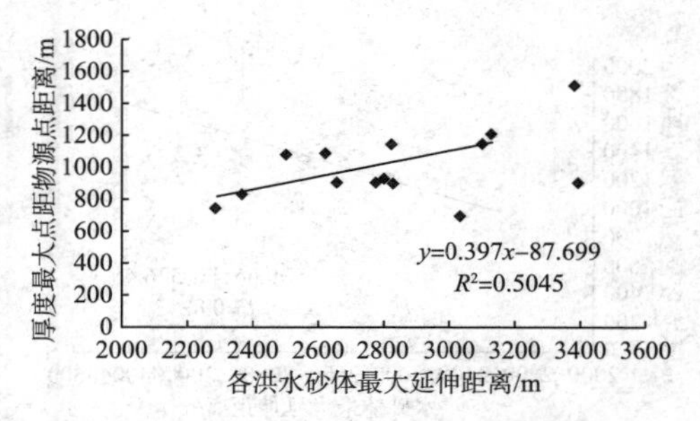

图 2－44 厚度最大点距物源点的距离与最大延伸距离的比值

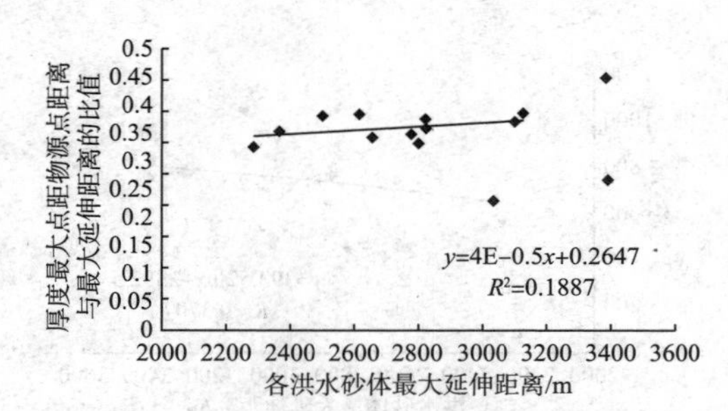

图 2－45 厚度最大点距物源点的距离与最大延伸距离的比值与该砂体最大延伸距离的关系

3. 单期次扇体规模横向递变规律

精细解剖盐 22 区块砂砾岩扇体，建立垂直扇体延伸方向上扇体宽度与距物源点距离之间的关系。

垂直物源方向上，扇体宽度与距某物源点的距离满足二次函数关系：$D=ad^2+bd+c$。式中，a、b、c 为待定系数；D 为扇体宽度；d 为距物源点距离（图 2－46）。

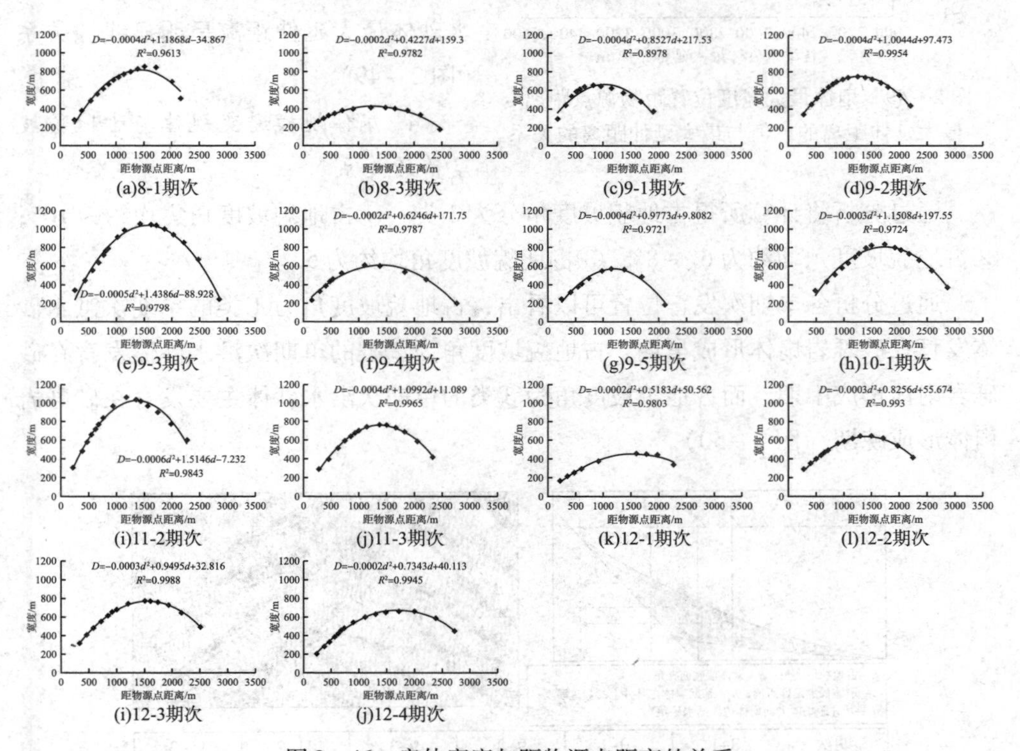

图 2－46 扇体宽度与距物源点距离的关系

各期次洪水砂体宽度最大值及宽度最大值所在点距物源点距离与该洪水砂体最大延伸距离呈线性关系（图 2－47、图 2－48）。

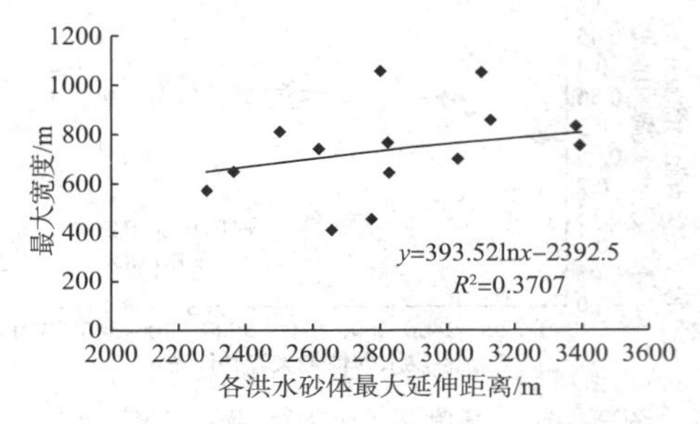

图 2－47　扇体最大宽度与最大延伸距离的关系

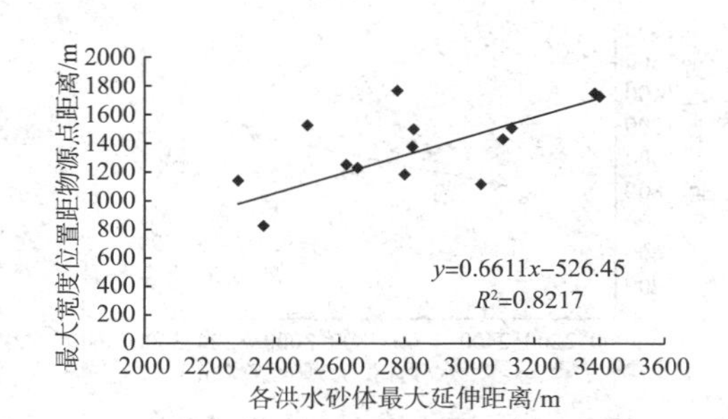

图 2－48　扇体最大厚度位置距物源点的距离与最大延伸距离的关系

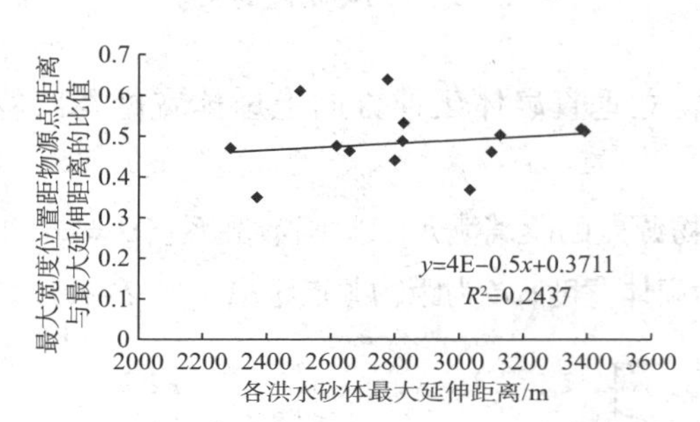

图 2－49　扇体最大宽度位置距物源点距离与最大延伸距离的比值与最大延伸距离的关系

各期次洪水砂体宽度最大值所在点距物源点距离与最大延伸距离比值主要分布在 0.4～0.55 范围内，各期次洪水砂体宽度最大值所在位置距物源点距离与最大延伸距离比值与该洪水砂体最大延伸距离呈明显线性关系（图 2－49）。

4. 扇体规模递变规律与古地貌坡度角的关系

通过分析将计算所得古地貌坡度角分为 3 类：①古地貌坡度角集均约为 10°；②古地貌坡度角均约为 6°～8°；③古地貌坡度角均约为 5°。

通过分析各单期次发育位置可以看出，古地貌坡度角为①类的单期次洪水砂体发育在砂砾岩扇体形成早期，古地貌坡度角为②类的单期次洪水砂体发育在砂砾岩扇体形成中期，而古地貌坡度角为③类的单期次洪水砂体主要发育在砂砾岩扇体形成晚期（图 2－50）。

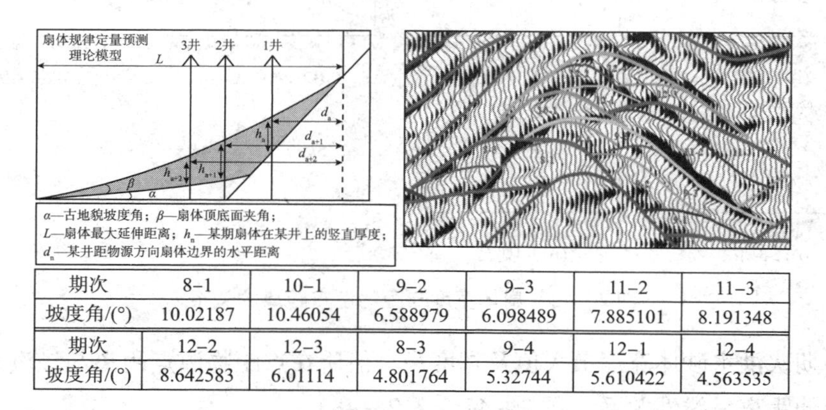

期次	8-1	10-1	9-2	9-3	11-2	11-3
坡度角/(°)	10.02187	10.46054	6.588979	6.098489	7.885101	8.191348
期次	12-2	12-3	8-3	9-4	12-1	12-4
坡度角/(°)	8.642583	6.01114	4.801764	5.32744	5.610422	4.563535

图 2－50　单期次规模量化各期次的古地貌坡度角

古地貌坡度角约为10°时（类型①），厚度大，最大厚度可达120m，扇体延伸较近；古地貌坡度角集中为6°～8°时（类型②），厚度较① 减小，延伸距离近；当古地貌坡度角集中为5°左右时（类型③），厚度最大，最大厚度不足100m，延伸距离最远（图2－51、图2－52）。

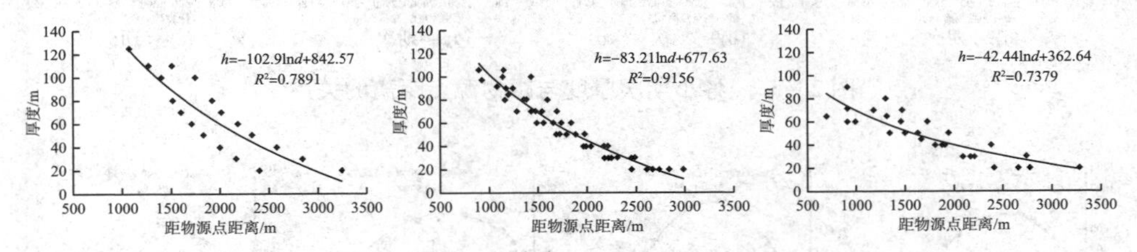

图2－51　古地貌坡度角的类型与扇体厚度的关系

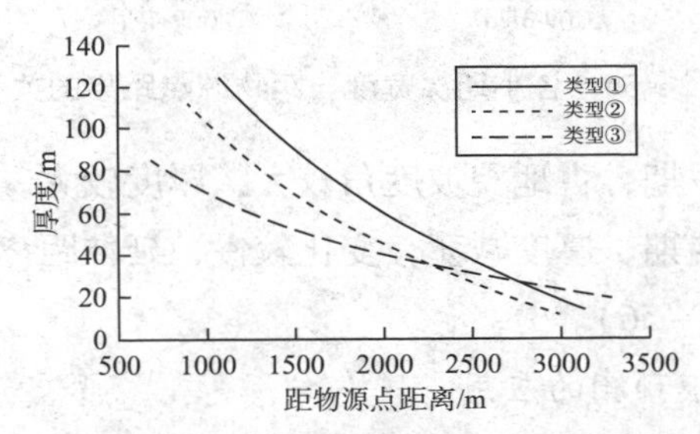

图2－52　古地貌坡度角的类型对扇体厚度影响的比较

古地貌坡度角主要集中为5°～10°时，其对宽度造成的影响不大，最大宽度均为800m左右（图2－53）。

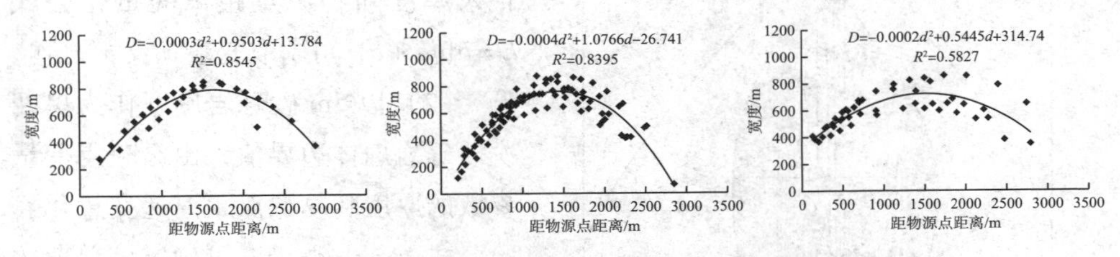

图2－53　古地貌坡度角的类型与扇体宽度的关系

5. 单期次扇体规模变化规律

九大期次内部自下向上发育9－1、9－2、9－3、9－4及9－5共5个小期次（图2－54），各小期次古地貌坡度角、厚度随物源点距离的递变规律及垂直扇体延伸方向上扇体宽度与距物源点距离的关系

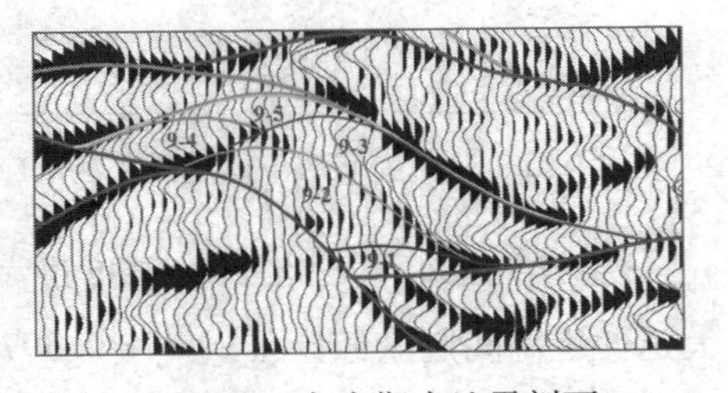

图2－54　九大期次地震剖面

如图 2－55、图 2－56 所示。

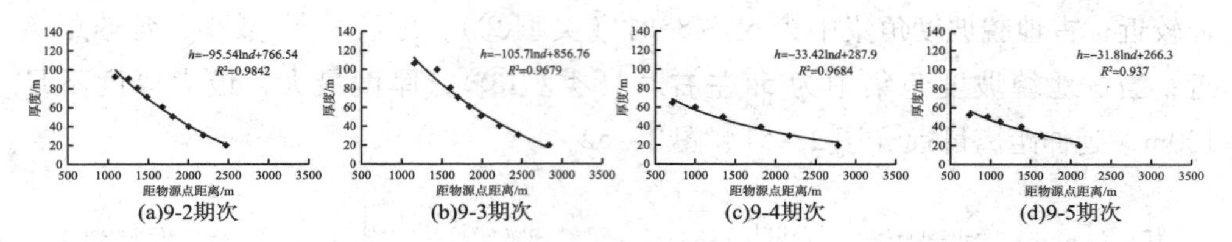

图 2－55　各小期次厚度与距物源点距离的关系

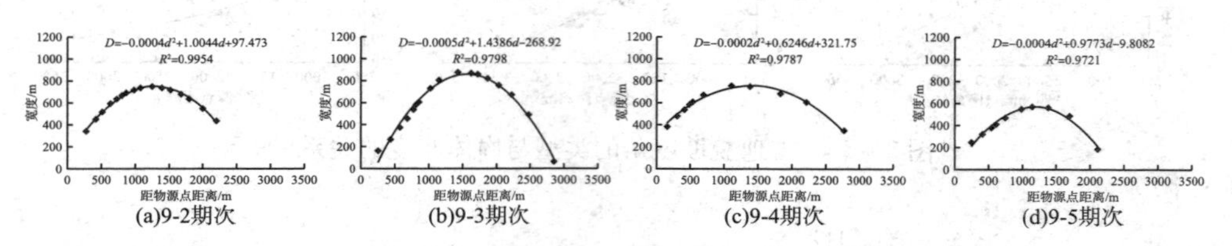

图 2－56　各小期次宽度与距物源点距离的关系

砂砾岩扇体形成早期，古地貌坡度角较大，厚度较大，变化较快，延伸距离近；砂砾岩扇体形成晚期，厚度减薄，变化较慢，延伸距离较远；宽度整体变化不大（图 2－55、图 2－56）。

6. 单期次扇体规模预测的应用

某地区砂砾岩扇体某一单期次上打有 A 井、B 井两口井，可知 A 井、B 井在该期次内的厚度 h 及距物源点的距离 d（图 2－57）。

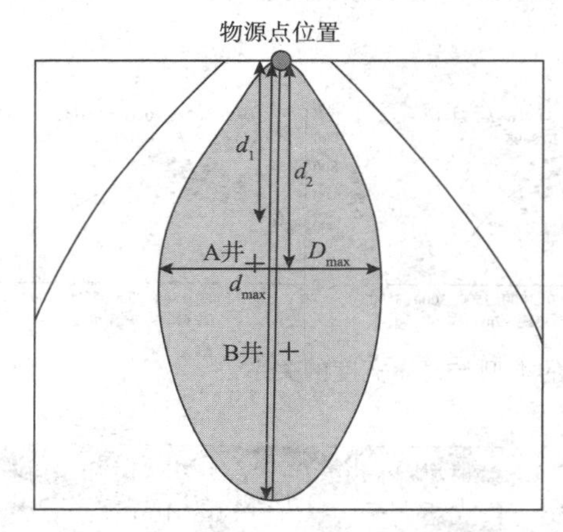

图 2－57　单一大期次扇体规模预测的应用

（1）将 A 井、B 井的 h 值及 d 值代入厚度随物源点距离间量化公式 $h=a\ln d+b$，可求取变量 a 及 b 的值。

（2）以 5m 砂砾岩厚度作为单期次砂砾岩扇体边界值，由已获得变量参数的厚度随物源点距离递变量化经验公式 $h=a\ln d+b$，可确定该单期次砂砾岩体最大延伸距离 d_{max}。

（3）明确单期次砂砾岩体规模的基础上，应用厚度最大值与该单期次砂体最大延伸距离间定量经验公式 $h_{max}=99.078\ln d_{max}-698.29$，厚度最大值所在点距物源点距离与该单期次砂体最大延伸距离间定量经验公式 $d_1=0.397d_{max}-87.699$，砂体宽度最大值与该单期次砂体最大延伸距离间定量经验公式 $D_{max}=423.05\ln d_{max}-2629$，宽度最大值所在点距物源点距离与该单期次砂体最大延伸距离间定量经验公式 $d_2 = 0.6611d_{max} - 526.45$，即可确定该单期次砂砾岩扇体厚度最大值 h_{max} 及其距所在点据物源点距离 d_1，宽度最大值 D_{max} 及其距所在点距物源点距离 d_2。

对于盐22密井区区块，选10－1期次（图2－58）对其量化表征结果进行检验（假设仅有1口井打穿该期次）。由于该期次资料有限，因此由其地震剖面中发育位置（图2－58），选择①类古地貌坡度角经验公式，近似获得该期次的展布规律。

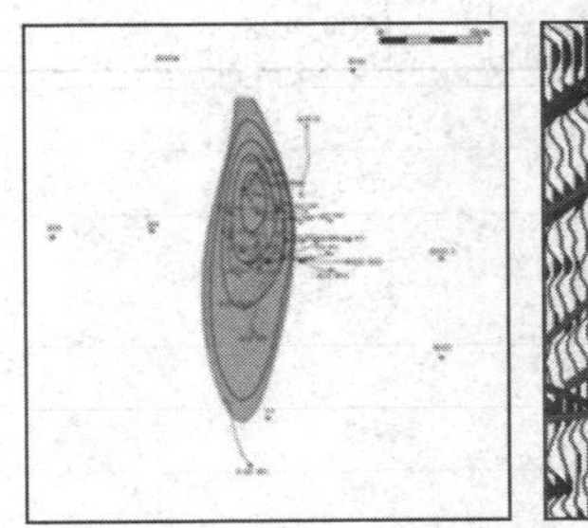
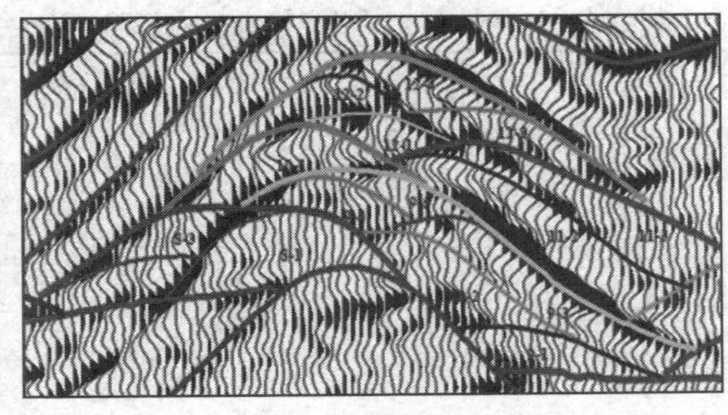

图2－58　10－1单期次平面展布图及在地震剖面的位置

实际地质体特征与利用经验公式计算所得结果吻合性较好（表2－2）。

表2－2　10－1单期次经验公式所得规律与实际地质体特征的比较

量化参数	选用经验公式	实际地质体/m	经验公式计算/m	计算误差/%
d_{max}	$h = -102.9\ln d + 842.57$	3247.831	3427.95	5.545824275
h_{max}	$h_{max} = 99.078\ln d_{max} - 698.29$	110	108.1769	1.657363636
d_1	$d_1 = 0.397d_{max} - 87.699$	1514.319	1273.197	15.92280094
D_{max}	$D_{max} = 423.05\ln d_{max} - 2629$	831.2535	814.5076	2.014535879
d_2	$d_2 = 0.6611d_{max} - 526.45$	1749.444	1739.768	0.55309001

由于3－3期次（图2－59）只有边缘的一口井打穿，资料有限，因此由该期次地震剖面发育位置，选择②类古地貌坡度角经验公式近似获得该期次展布规律（表2－3）。

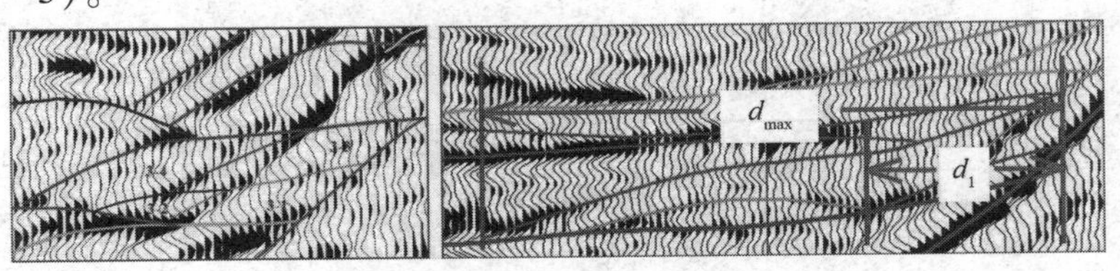

图2－59　3－3期次地震剖面

表2-3 3-3单期次经验公式所得规律与实际地质体特征的比较

量化参数	选用经验公式	实际地质体/m	经验公式计算/m	计算误差/%
d_{max}	$h = 83.21\ln d + 677.63$	3128.232	3230.9	3.281981643
h_{max}	$h_{max} = 99.078\ln d_{max} - 698.29$	95.3	102.3	7.345225603
d_1	$d_1 = 0.397 d_{max} - 87.699$	1550.048	1194.968	3.905923927
D_{max}	$D_{max} = 423.05\ln d_{max} - 2629$	751.543	787.3447	4.763759359
d_2	$d_2 = 0.6611 d_{max} - 526.45$	1572.336	1609.498	2.363489738

第三章　深层砂砾岩体期次划分与对比

第一节　深层砂砾岩体的精细沉积模式

深层砂砾岩体沉积期次划分与对比是识别深层砂砾岩体内部结构，预测有效储层发育规律的基础。但由于深层砂砾岩体内部生物化石缺乏，沉积厚度大，岩性差异不明显，横向不稳定，岩电关系不对应，传统的生物化石、岩性、电性关系的地层划分与对比方法不再适用，使深层砂砾岩体的期次划分与对比的难度增大，成为制约砂砾岩体油气藏开发的关键。通过对砂砾岩体沉积成因模式的解剖认识，改为砂砾岩体属于事件沉积作用，主要受断层活动（泥石流沉积）和气候变化（洪水沉积）的影响。断层活动是瞬时性的，决定了沉积物在一个大的沉积时期都是牵引流沉积。无论是单井划分还是井间对比，如何在泥岩不发育的大套砂砾岩中寻找旋

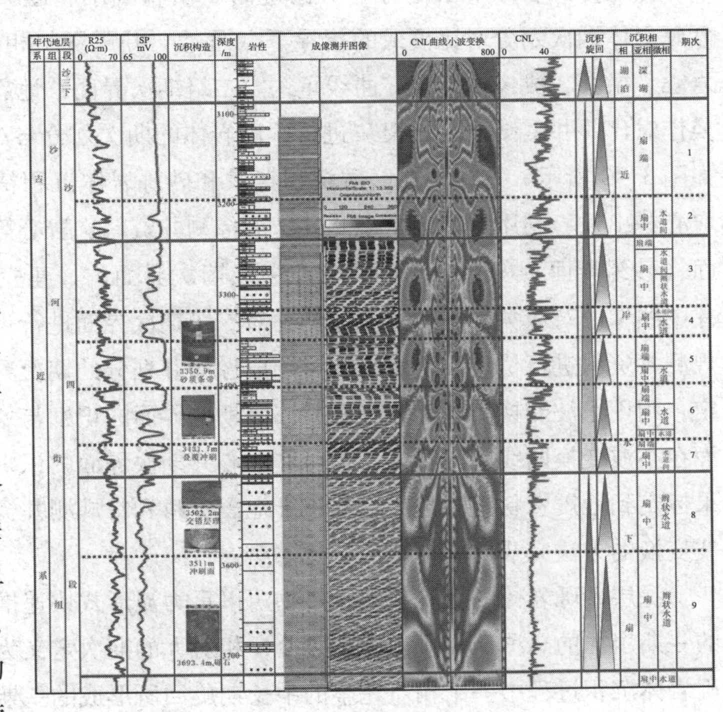

图 3－1　盐 22－22 井单井期次划分图

回界面是期次划分与对比的关键。在单井期次划分时，泥岩隔层和岩相突变面是划分旋回的主要标志面（图3－1）；在井间对比原则时则以扇缘发育的稳定泥岩作为界面标志，向扇中和扇根逐渐寻找岩相突变面进行对比（图3－2）。

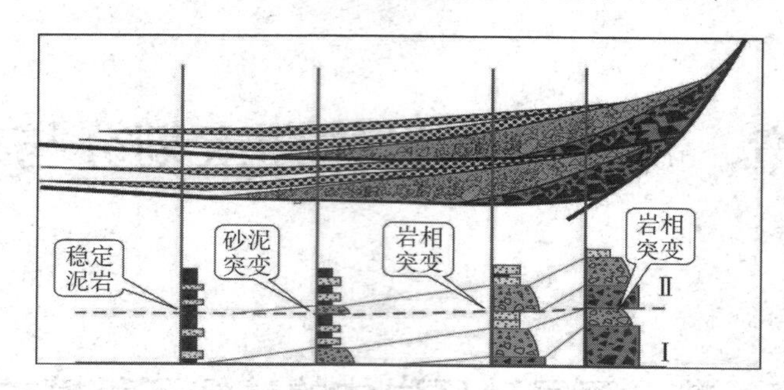

图3－2　砂砾岩体井间期次对比模式图

第二节　砂砾岩体期次划分与对比技术

深层砂砾岩体期次划分与对比遵循“由粗到细、逐级划分”的原则。即在砂砾岩体期次划分对比模式的指导下，通过“井震资料相结合定一级期次界面；岩心、录井、成像作标定，曲线重构定二级期次界面；地震资料作约束，小波变换作对比，井震结合定格架”进行砂砾岩体的期次划分与对比。具体的对比思路如图3－3所示。首先，在区域沉积背景和砂砾岩体沉积精细模式的指导下，从取心井出发，利用地震、常规测井、成像测井资料、岩心等资料进行一级期次界面（砂组界面）的划分；其次，在一级期次界面内，建立岩心中岩相与成像测井中图像的对应关系，利用成像测井对二级期次界面进行识别与划分；同时对常规测井资料进行优选和小波变换，用成像测井划分的期次界面对小波变换进行标定，利用小波变换资料完成取心井二级期次界面的识别与划分；总结不同期次界面在小波变换曲线上的特征，进行非取心井期次界面的识别和划分，并将划分结果标定到地震资料上；最后，在三维地震资料和常规测井资料的控制下，利用小波变换的方法完成井间期次的对比。

深层砂砾岩体的沉积期次是指物源以重力流形式快速推进到凹陷内部所形成的一期扇体的总称。期次有大小之分，相对大的期次定义为一级期次，即深层砂砾岩体沉积过程中一个相对完整的中长期旋回所形成的一期扇体。一级期次与地层层序中的一个砂层组相当。沉积厚度多为几十米至几百米，平面分布范围可达几百平方千米。相对小的期次定义为二级期次，即砂砾岩体沉积过程中不完整的短期旋回所形成的一期扇体。二级期次与地层层序中的一个小层相当。沉积厚度多为几米至几十米，平面分布范围可达几十平方千米。

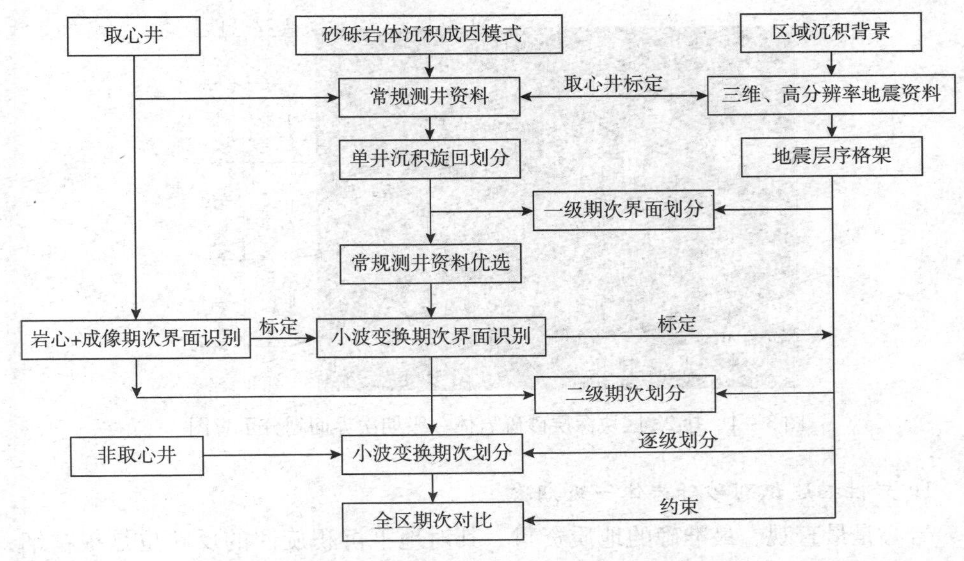

图 3－3　深层砂砾岩体期次划分与对比的思路

第三节　单井期次划分

一、一级期次界面确定

一级期次界面是通过井震资料相结合确定的。

盐 22 区块沙四上属于近岸水下扇沉积，主要以砾岩、砾状砂岩、含砾砂岩为主，夹灰色泥质砂岩和深灰色泥岩，纵向上各套扇体相互叠置，埋藏深度 3000 ~ 4000m，属深层砂砾岩体储层。盐 22 区块沙四段砂砾岩体内部缺乏标准层和标志层，但沙三下与沙四段分界清楚，在电性上表现为沙四段自然电位曲线基线偏移，具有较大幅度差，电阻率曲线多呈锯齿状或高阻尖峰，据此特征就可以划分沙三下与沙四段地层。对于沙四段砂砾岩体内部一级期次界面的识别与划分，其划分原则是：稳定泥岩与包络面相结合划分一级期次界面。一级期次界面在多种资料上均有较好的响应，可以利用地震、常规测井、成像测井资料、岩心等资料识别。在沙四上顶界面的控制下，多种资料综合应用，识别出4个相对完整的中长期旋回，以此据划分为4个一级期次。每个一级期次的厚度为150～320m（图3－4）。一级期次界面在不同的资料上表现出不同的特点。

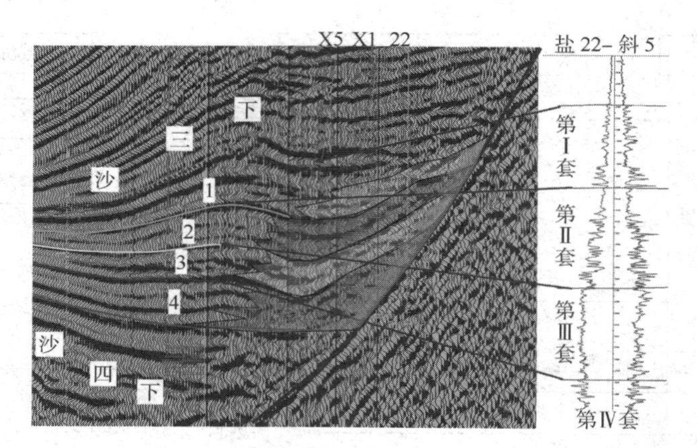

图3－4　盐22区块深层砂砾岩体一级期次界面划分示意图

1．*岩性描述识别砂砾岩体一级期次*

岩心是最直观、最准确的地质资料，其对地下沉积旋回的反映也是最精细、最准确的，但是取心资料非常有限，只能用于局部地层沉积旋回的精细划分，并利用其划分的结果标定测井沉积旋回。

对取心井盐22－22井进行岩心观察，见到的岩性有10种，分别为泥岩、灰质泥岩、粉细砂岩、泥质砂岩、含砾砂岩、砾状砂岩、砂砾岩、细砾岩、灰质砂岩及中粗砾岩。将10种岩性进行归类后可划分到4类岩相中，即泥岩相、砂岩相、砂砾岩混合相、砾岩相。通过对不同岩性叠置关系的分析认为，泥岩隔层常常为砂砾岩体沉积一个相对完整的中长期旋回的结束的标志。具体特征表现为：岩性观察一级期次一般为大段的正旋回沉积，旋回顶部发育较厚的泥岩段。其界面为明显的岩性突变面，为大套粗碎屑沉积物与下伏泥岩呈突变接触。界面底部的泥岩变形构造特征明显，具有水平层理（图3－5）。

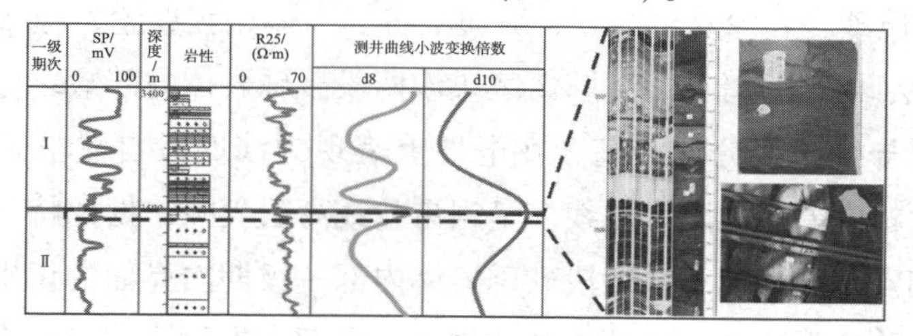

图3－5　盐22－22井一级期次界面在岩心、成像、常规测井、小波变换上的响应特征

每套砂砾岩体具体的岩性特征为：第Ⅰ套砂砾岩体为厚层泥岩夹薄层砂砾岩条带，砂砾岩体的厚度为150～200m。第Ⅱ套砂砾岩体以砾状砂岩和含砾中砂岩为主，夹多层厚薄不等的泥岩，自下而上形成多个正旋回，各旋回间的泥岩隔层较明显，砂砾岩体的厚度为200～250m。第Ⅲ套砂砾岩体以砾岩、砾状砂岩和含砾砂岩为主，夹少量薄层泥岩，自下而上由多个沉积旋回组成，砂砾岩体的厚度为200～230m。第Ⅳ套砂砾岩体以砾岩、砾状砂岩为主，夹少量薄层泥岩，地层厚度为280～320m，但该区大部分井未钻遇第四套砂砾岩体。

2. 常规测井曲线识别砂砾岩体一级期次

测井资料以其信息量大、分辨率高、连续性好而成为地层划分中应用最为广泛的资料。在地质事件中，由于沉积构造运动具有周期性，海（湖）平面会出现有规律的升降，表现为地层沉积在时间方向上的旋回性，使得测井数据的频谱沿时间方向上表现出一定差异，从而使得测井信号时频分析成为可能。由于测井曲线具有较高的纵向分辨率，因此可以划分出大多数地层单元，如小层、沉积时间单元或韵律层等。反映到测井曲线上可表现为不同的幅度和频率（尺度）特征。测井曲线的幅度值是某种物理量的反映，变化趋势在一定程度上反映水动力能量的变化情况。水动力强度大则岩石颗粒粗，水流能量小则岩石颗粒细。其反映在自然电位和自然伽马曲线上就表现为是否靠近泥岩基线。幅度大小是否持续稳定说明了纵向的岩性和层厚变化情况。沉积物的不同韵律特征形成了不同级次的地层和旋回，由旋回导致的物质性质变化在测井资料频率域（或小波尺度域）特征上反映较为明显。测井信号的频率（尺度）响应反映了地层厚度的变化，因此测井曲线存在频率（尺度）－沉积旋回的内在对应关系，可用于不同级别沉积旋回的划分。

目前，在地层划分与对比中常用的测井曲线主要为微电极、自然电位、自然伽马、声波测井等。利用常规测井曲线对盐22区块内一级期次界面进行识别，主要表现为：常规测井曲线在一级期次界面附近有响应，例如自然电位曲线基线偏移，电阻率曲线突变等。曲线旋回性特征明显，每个一级期次为一个相对完整的正旋回或复合旋回，每个旋回的界面基本都对应了常规曲线上明显的变化点（图3－5）。

每套砂砾岩体常规测井曲线的具体特征为：第Ⅰ套砂砾岩体常规测井曲线表现为自然电位曲线呈齿状，电阻率曲线峰值低（$<30\Omega\cdot m$）；第Ⅱ套砂砾岩体常规测井曲线上表现为自然电位曲线多呈箱形或钟形，电阻率曲线峰值较高（约$50\Omega\cdot m$）；第Ⅲ、第Ⅳ套砂砾岩体常规测井曲线为自然电位曲线基本无回

返，电阻率曲线峰值高（约70Ω·m）。

3. 地震资料识别砂砾岩体一级期次

砂砾岩体段通常表现为多期次厚度不等的正韵律的叠加。扇体内部，扇根为块状砾岩；扇中主要为砾状砂岩和含砾砂岩，泥岩夹层少；扇端以泥岩为主，夹薄层的砂岩层。同期扇体内从扇端到扇中再到扇根速度递增。

砂砾岩体具有特殊的沉积背景、特殊的沉积环境，并非简单的扇根－扇中－扇端的沉积模式，而是“包心菜”式的层层叠置、交叉，地震响应特征复杂多变。对其反射特征建立一个定性－半定量的认识是砂砾岩体进一步研究的关键。根据岩心、测井、地震资料分析，砂砾岩体内幕反射分为以下6类：

（1）包络强反射：强反射出现在包络面位置时，该反射对应厚层砂砾岩体段的速度起跳位置，代表砂砾岩体段顶面的反射。由于砂砾岩体沉积具有纵向上跨度大并且多期次叠合的沉积特点，决定了包络强反射具有穿时性，反射不连续。

（2）没有包络的中强反射：没有包络的中强反射，成层性较好，连续性也较好，对应厚层砂砾岩体段上部的砂泥互层沉积。速度变化频繁，对应多个速度台阶，自然电位表现出多个旋回。由于受地震资料分辨率的制约，一个反射同相轴对应多期旋回。

（3）包络内部的中强反射：位于包络反射之下，能量较强，视觉效果尖锐，明显区别于砂砾岩体内部背景反射。它对应砂砾岩体段内部较稳定的泥岩隔层沉积，是由于泥岩与砂砾岩存在速度差形成的，该反射界面是砂砾岩体内幕期次的分界面。

（4）包络内部的中弱反射：位于包络反射之下，能量较弱，是由于砂砾岩体内幕不同期次速度差异相对较小形成的。

（5）包络内部的空白反射：包络反射之下为空白反射，基本没有同相轴存在，这种特征是由于砂砾岩体内部岩性分选差，或多期扇体相同相带叠合，没有明显速度差异形成的。这类反射对应砂砾岩体内部不存在期次，或多期扇体相带规则排列。

（6）包络内部平行于基岩的反射：包络内部平行于基岩的反射对应于内幕多期扇体相带的分界线，是由于不同相带之间的速度差异造成的。

通过分析认为，一级期次界面在地震剖面上表现为反射界面能量强，为明显的能量转换面，期次内部波形是一组波形特征相似的波组（图3－6）。

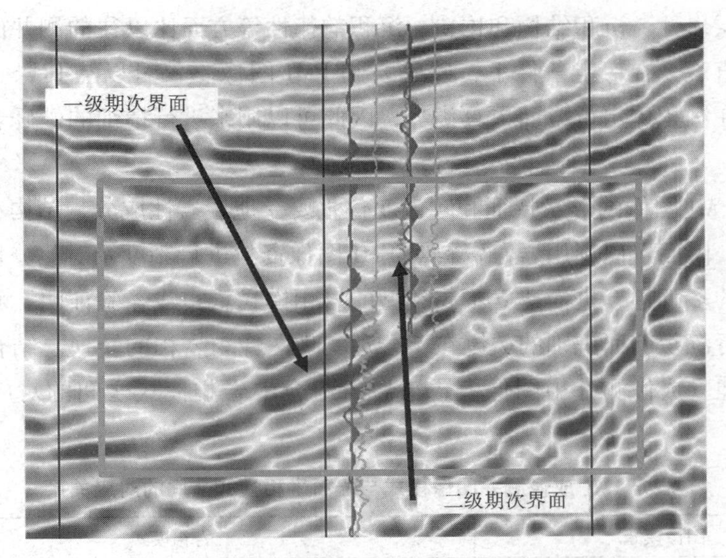

图 3 – 6　盐 22 区块深层砂砾岩体不同期次界面地震反射特征

二、二级期次界面划分

二级期次界面是通过岩心、录井、成像作标定，曲线重构划旋回而划分出来的。

砂砾岩体的二级期次为砂砾岩体沉积过程中不完整的短期旋回所形成的一期扇体的总称。每个二级期次与地层层序中的一个小层相当。受地震资料品质和常规测井资料的限制，对砂砾岩体二级期次的识别要通过对常规测井资料进行特殊处理并利用地震资料进行标定来实现。其划分的方法为：首先，建立岩性识别的成像测井解释模板即“岩相 – 图像”转换；其次，利用岩心、录井、成像刻画二级期次界面；同时筛选敏感测井曲线进行小波变换；最后，通过小波变换，确定旋回界面，划分单井二级期次，在地震资料的约束下进行井间对比。即首先从取心井入手，利用岩心和成像刻画二级期次界面；其次，筛选敏感测井曲线进行小波变换，确定合理的划分二级期次的尺度；同时对地震资料的二级期次界面进行标定，在地震资料约束下，利用小波变换曲线进行二级期次的划分。划分结果为：第Ⅰ套砂砾岩体划分为 2 个二级期次，第Ⅱ套砂砾岩体划分为 5 个二级期次，第Ⅲ套砂砾岩体划分为 2 个二级期次，第Ⅳ套砂砾岩体由于研究区大部分井未钻遇，未细分二级期次。每个二级期次砂砾岩体厚度为 40 ~ 100m（图 3 – 1）。

1. 建立岩性识别的成像测井解释模板“岩相 – 图像”转换

成像测井是一种储层精细描述技术，具有很高的纵向、横向分辨能力，在揭示井周岩层岩性、沉积结构和构造、沉积韵律性等方面比以往的测井曲线方式更精确、更直观。在一定条件下，砂砾岩的 FMI 图像不仅可以与其岩心资料相媲美，而且在沉积体定位方面更具优势，因此可以用来进行精细的砂砾岩体沉积旋回识别。

由于 FMI 图像的形状特征和颜色变化主要受地层岩性成分、结构和构造等因素的影响，因而可以利用岩心资料对 FMI 图像资料进行刻度及对比分析，以消除地质解释的多解性，进而建立不同类型的岩相模式。实践经验证明，利用成像测井资料进行沉积旋回识别的关键在于合理实现图像与岩相的转换。结合前人研究认识，可建立成像测井中图像模式与岩石组合中岩相模式之间的对应关系（表 3 – 1）。

表 3 – 1　成像测井图像模式与岩石岩相模式之间的对应关系

图像模式	岩相模式
（高亮度）块状模式	砾石
亮条带状模式	含砾砂岩 – 砂砾岩
暗纹层模式，杂斑点模式	细粒沉积，旋回顶部
孤立线状模式	裂缝（断层），易被误认为是冲刷面
沟槽模式	井眼崩落，钻具刻划井壁

为了进行大套砂砾岩体沉积旋回的划分，需要在岩相识别的基础上进一步进行沉积相序的识别。识别过程中，常用到的、直观而具有指相意义的岩相主要包括碎屑支撑或杂基支撑的砂砾岩相、细砾岩相、块状砂岩相，具层理特征的砂砾岩相和具鲍玛序列的递变砂砾岩相（表 3 – 2）。

表 3 – 2　典型岩相类型的 FMI 图像特征、相序构成及沉积环境分析

岩相类型	岩　性	FMI 静态图像特征	FMI 动态图像特征	常规测井曲线特征	序列特征	沉积环境
碎屑支撑砂砾岩相	砂质砾岩，砾岩	白色	块状、斑块状：亮色颗粒与暗色基质，底部有负载构造	高幅齿状箱形	无序/隐见粒序	扇根主河道
杂基支撑沙砾岩相	泥质砾岩，砾岩泥岩	依据泥质含量从白色变化到棕色	斑块状：亮色颗粒与暗色基质，有时具叠覆冲刷构造	齿状箱形	无序或有序	扇根/扇中
细砾岩相	泥岩，沙岩，细砾岩	白色到棕色	块状、斑块状：亮色颗粒与暗色基质	箱形 – 钟形	无序或有序	扇根/扇中

续表

岩相类型	岩　性	FMI 静态图像特征	FMI 动态图像特征	常规测井曲线特征	序列特征	沉积环境
块状砂岩/钙质沙岩相	砂岩	白色	均匀块状，砂层之间可能存在暗色夹层	高幅光滑箱形	正粒序	辫状河道/浊积
具平行/交错层理的砂岩及含砾砂岩相	砂岩	浅黄色	成层现象：平行/交错层理	中高幅箱形	均匀	扇中
鲍马序列	砂－泥	浅色－深色	块状－平行－波状－水平－块状	钟形	正韵律	浊积

2. 利用岩心、录井、成像刻画二级期次界面

在岩性、岩相和相序研究的基础上，观察每个二级期次为自下而上为由粗变细的相对完整的正旋回或复合正旋回沉积。扇中部位旋回顶部发育大于2m的泥岩段；扇根部位为厚度大于2m的砾岩非渗透层。界面底部为岩性突变面或砾岩非渗透层，冲刷面特征明显，界面下部泥岩中多见呈水平层状分布的砂质条带。具体表现为：第一、第二期次岩性为厚层泥岩夹薄层砂砾岩条带；第三～第七期岩性以砾状砂岩和含砾中砂岩为主，夹多层厚薄不等的泥岩；第八、第九期岩性则以砾岩、砾状砂岩为主，夹少量薄层泥岩（图3－7）。成像测井的FMI图像的二级期次界在扇中部位由呈水平层理的暗黑色泥岩突变到呈块状的黄褐色、黄色砾岩及砾状砂岩。扇根部位则表现为高亮度的黄褐色砾岩。每个二级期次自下而上由亮变暗，颜色则由黄褐色变为暗黄褐色，颜色逐渐变暗。具体表现为：第

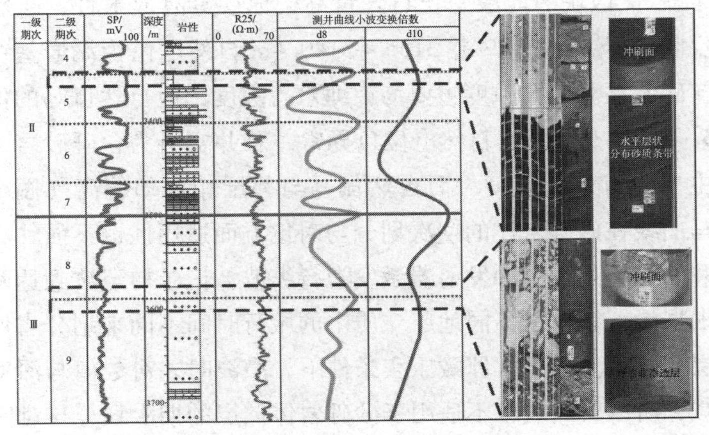

图3－7　盐22－22井二级期次界面在岩心、成像、常规测井、小波变换上的相应特征

一、第二期次 FMI 图像主要以暗黑色泥岩为主，夹少量呈条带状的黄色薄层砂砾岩。第三～第七期 FMI 图像以呈带状的黄色、黄褐色砾状砂岩和含砾中砂岩为主，夹呈条带状的暗色薄层泥岩。第八、第九期 FMI 图像则以呈块状的黄色、黄褐色砾岩及砾状砂岩为主。

3. 筛选敏感测井曲线

目前常用的测井方法主要分为自然电位测井、自然伽马测井、声波测井、中子测井等几种测井曲线。

自然电位测井测量的是井中的自然电场，是由地层和泥浆之间的电化学作用和动电学作用产生的。测量值为井中电极 M 与地面电极 N 之间的电位差。泥岩自然电位曲线平直（基线），砂岩自然电位负异常（$R_{mf}>R_{w}$），负异常幅度与黏土含量成反比，自然电位测井主要应用在判断岩性，划分渗透层，用于地层对比、求地层水电阻率、估算地层泥质含量、判断水淹层和沉积相研究等方面。由于砂砾岩体是快速堆积的产物，用自然电位曲线划分砂砾岩体的期次只能考虑其大的旋回性，而准确性差，因此，通过自然电位曲线准确划分砂砾岩体的期次存在不适用性。

自然伽马测井是测量井剖面自然伽马射线的强度和能谱的测井方法，它的原理是岩层中的天然放射性核素衰变会产生伽马射线，岩性不同则放射性核素的种类和数量不同，因此，可以通过测量自然伽马射线的能量和强度来划分岩性、计算泥质含量。自然伽马测井资料在识别高放射性储集层，寻找泥岩裂缝储集层；确定黏土含量、黏土类型及其分布形式，用 Th/U、Th/K 值研究沉积环境、沉积能量，有机碳分析及生油岩评价，变质岩、火成岩等复杂岩性解释等方面有突出作用。但由于盐 22 区块的地层中长石含量高，地层具有放射性，自然伽马曲线不能很好地反映泥岩，如盐 22 井 3136～3140.4m 自然电位为泥岩基线，录井资料为泥岩，核磁共振测井孔隙度主要为束缚水孔隙度，但自然伽马的值与邻层相比却偏低；3142.8～3158.2m 自然电位负异常，录井资料为含砾砂岩，核磁共振测井孔隙度主要为有效孔隙度，而自然伽马与邻层相比却偏高（图 3－8）。所以，自然伽马曲线在砂砾岩体的期次划分与对比方面适用性也不强。

声波测井的原理是声脉冲发射器激发滑行纵波，记录初至波到达两个接收器的时间差，根据滑行纵波在不同地层介质中的旅行时间不同来划分岩性、判断气层、确定地层孔隙度。在正常埋藏压实条件下，声波时差对数值与深度的增加程度呈线性递减，所以其曲线也不适用于砂砾岩体储层的期次划分与对比。

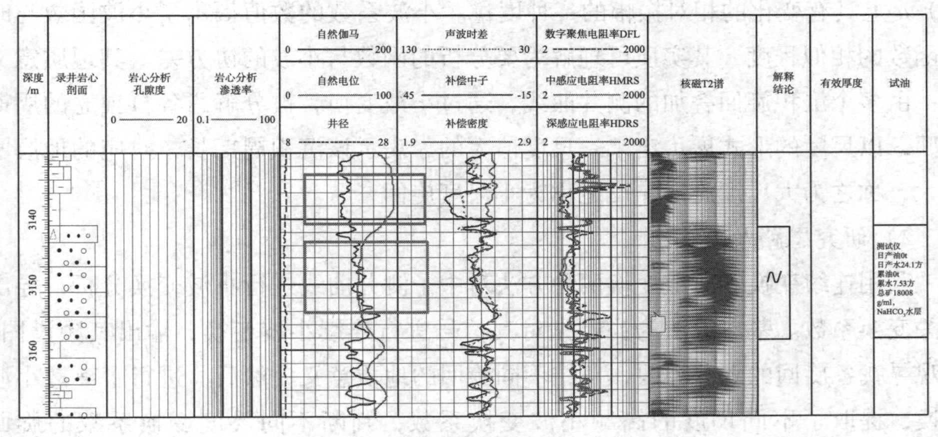

图 3－8　盐 22 井沙四段四性关系图

中子测井属于孔隙度测井系列，基本原理是中子源产生快中子，地层介质不同，热中子的速度衰减不同，通过测量地层对中子的减速能力来确定储集层孔隙度，划分岩性和判断气层。中子测井主要测量地层对中子的减速能力，测量结果主要反映地层的含氢量，受其他方面因素的影响小。

通过以上分析，从原理上看，自然电位、自然伽马、声波测井等在砂砾岩体储层期次划分和对比方面存着一定不适用性，因此我们尝试对中子测井曲线进行小波变换，在砂砾岩体期次划分和对比过程中进行应用，并且实现了对深层砂砾岩体期次划分和对比的定量化。

4. 测井小波变换识别砂砾岩体二级期次

1）小波变换的原理

小波变换是在傅氏变换的基础上发展起来的一种新的数学理论和方法，其基本思想是将信号在小波函数系拓展成的空间上进行分解，从而得到信号在不同时间－尺度空间上的投影，其基本特点是在时域都具有紧支集或近似紧支集和正负交替的波动性，它克服了傅氏变换时域分辨力差的缺点，在时域和频域同时具有较好的局部化特性，因而特别适于处理时变信号。目前，小波变换分析技术在油气勘探和开发中主要应用于沉积旋回的划分、层序地层分析及基准面的恢复等，显示了广泛的应用前景。在利用岩性及成像测井资料划分的砂砾岩体沉积期次为标定的基础上，将小波变换分析技术应用于大套砂砾岩体内部沉积旋回期次的划分，可实现砂砾岩体的期次划分和对比。

小波变换的意义在于将一维的时间函数展布成为一个二维参数空间（a，b），从而形成一种能在时间（或空间）坐标位置 b 和尺度（时间周期或空间范围）a 上具有变化的相对振幅的一种度量。小波系数的数值揭示了小波函数与时间函数的相似程度，其实质可理解为要分析的函数与小波的协方差。其地质意义为：由多个沉积旋回叠加的测井曲线，通过小波变换，被分解成各自独立的周期旋回，以尺度的形式展示出来。尺度值大的，表示该沉积周期长，对应的地层厚度大，称之为大尺度旋回，反之称为小尺度旋回。

2）研究思路及方法

利用连续变换和离散变换两种方法对中子测井曲线进行小波变换分析，导出相关变换系数。基本方法为：首先对其信号进行连续小波变换，输出其频谱图，直观寻找各旋回的划分界限，总结不同旋回的地质意义；然后，进行了离散小波变换，提取了不同尺度的高频小波变换系数，判断不同尺度变换系数的旋回意义。

一般来讲，小波系数的峰谷交界处可作为地层突变界面，对应地质体上的沉积间歇面或剥蚀面，反映了沉积环境的改变，可作为层序界面。图 3－9 为盐 22－22 井沙四上各种常规测井曲线小波变换结果。中子测井小波变换系数为 d8、d10 的曲线的峰谷交界处与岩心、成像划分的界面对应性最好，这说明中子测井小波变换分析大大提高了沉积旋回识别精度。

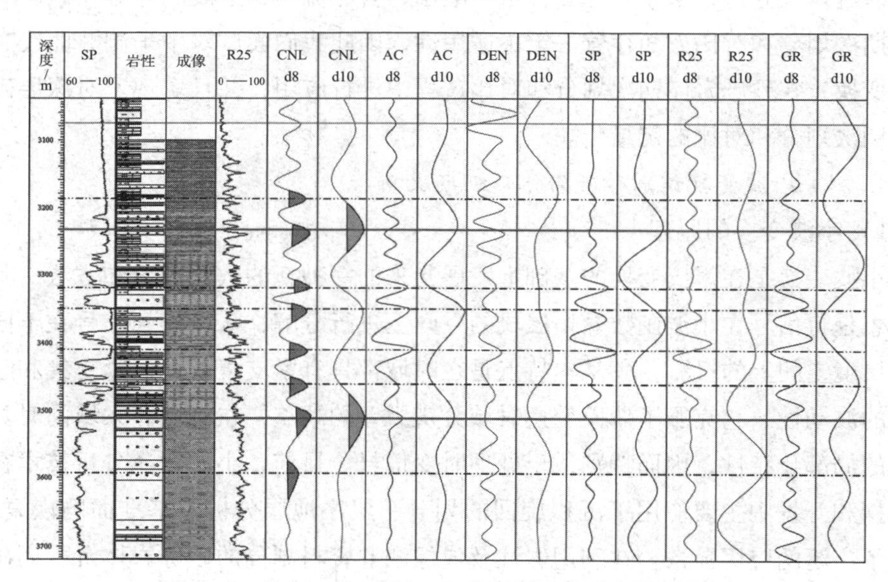

图 3－9　盐 22－22 井沙四上常规测井小波变换示意图

3）小波变换划分砂砾岩沉积期次

根据取心井的岩性描述、成像测井、常规测井沉积旋回识别结果，判识不同尺度小波变换系数的沉积旋回意义，选择能代表一级、二级期次界面的小波变换系数，进行不同级别期次界面的识别和划分。小波系数的峰谷交界处可作为地层突变界面，对应地质体上的沉积间歇面或剥蚀面，反映了沉积环境的改变，可作为层序界面。

中子测井曲线小波变换后对应的期次界面识别标志为：一级期次界面为小波变换后一个中长期旋回的峰谷交界处，小波变换系数为 d_{10}时的变换曲线的峰谷交界处与岩心、成像测井等划分的一级期次界面相当；二级期次界面为一个短期旋回的峰谷交界处，小波变换系数为 d_8 时的变换曲线的峰谷交界处与岩心、成像测井等划分的二级期次界面相当（图 3－1）。

每套砂砾岩体的小波变换曲线的具体特征为：第Ⅰ套砂砾岩体小波变换曲线为一个完整的旋回，其底界面对应波峰值。第Ⅱ套砂砾岩体小波变换曲线为一个或两个小旋回组成的一个完整的旋回，其底界面也对应波峰值。第Ⅲ、第Ⅳ套砂砾岩体小波变换曲线为一个不完整的旋回。

第四节　井间对比

深层砂砾岩体期次井间对比是以地震资料作约束，小波变换作对比，井震结合定格架来进行的。从资料的应用情况来看，虽然不同级别的期次界面在岩心、成像、常规测井、小波变换、地震资料上都具有一定的特征，但应用于井间对比中时则各具优势和不足。岩心和成像测井在识别不同级别的期次界面时具有直观、可靠的优势，但只有取心井有资料，无法应用于井间对比；常规测井和地震具有资料多、利用方便等优势，但由于砂砾岩体的复杂性，在识别不同级别的期次界面时受人为因素影响大，具有多解性，识别期次界面的准确性受到影响；小波变换资料多，利用方便，而且实现了不同级别期次界面识别的定量化，受人为因素影响小，适用于井间对比。所以，在进行深层砂砾岩体的井间对比时主要采用的是中子测井小波变换资料，即在砂砾岩体精细沉积模式的指导下，用中子测井小波变换资料完成单井期次的划分，在地震资料和常规测井的约束下，用小波变换资料实现井间期次的对比。

对比仍然采用“旋回对比、分级控制”的原则，针对砂砾岩体横向变化快、纵向叠置关系复杂的特点，采用了“切片式”的对比方式，即每排井都进行切片对比，保证对比的精度，使砂砾岩体的地层对比能够有效闭合（图 3－10）。

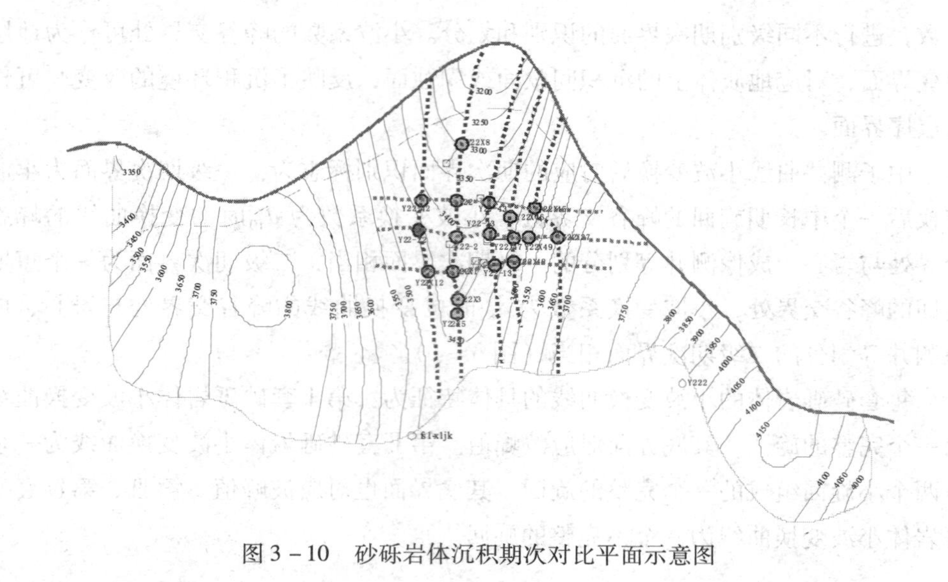

图 3－10　砂砾岩体沉积期次对比平面示意图

一、纵剖面切片对比

在“纵剖面上——稳定泥岩分期次，包络面定范围”对比模式的指导下，先进行纵剖面的切片对比：

（1）从取心井出发，用小波变换资料完成纵剖面的对比。

（2）每排井分别进行切片对比，保证对比精确。

（3）利用地震资料对各剖面进行引导对比，并对各剖面进行闭合（图 3－11、图 3－12）。

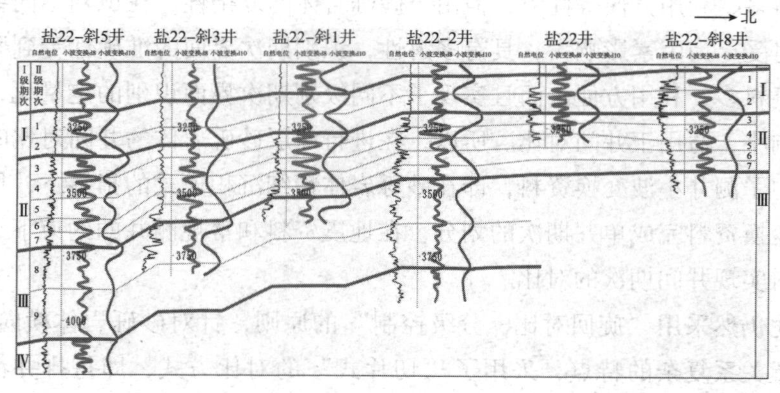

图 3－11　盐 22－斜 5 井—盐 22－斜 8 井地层对比剖面—纵剖面

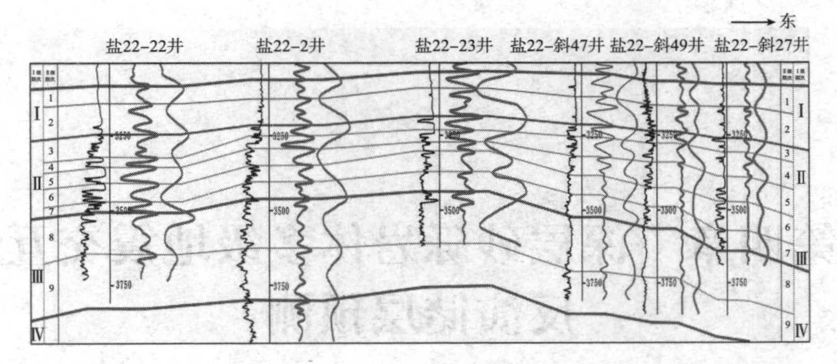

图3－12　盐22－斜5井—盐22－斜8井地震剖面—纵剖面

二、横剖面切片对比

在“横剖面上稳定泥岩分期次，迁移规律解内幕”对比模式的指导下，进行横剖面的切片对比：

（1）从取心井出发，进行横剖面的切片对比，该剖面必须与纵剖面进行闭合。

（2）每个横剖面的对比完成后要“回头”与上一横剖面闭合。

（3）在地震资料的约束下，进行全区的统一、闭合（图3－13、图3－14）。

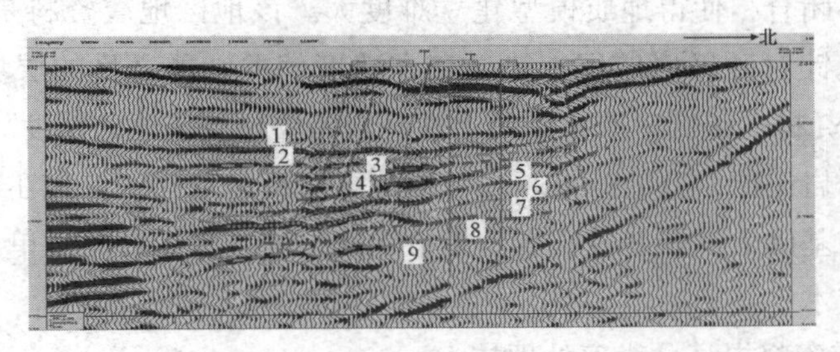

图3－13　盐22－22井—盐22－斜27井地层对比剖面（横剖面）

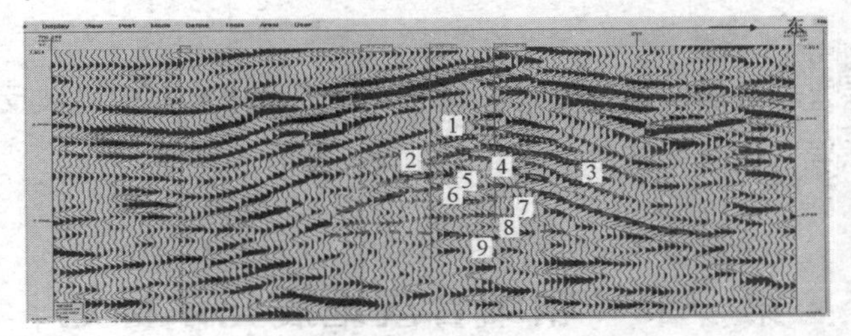

图3－14　盐22－22井—盐22－斜27井地震剖面（纵剖面）

第四章　深层砂砾岩体多级地震交互反演储层预测

近年来，砂砾岩体油气藏已成为胜利油田在济阳凹陷的勘探重点之一，特别是在东营凹陷北坡带的砂砾岩体油气藏勘探已见到了明显效果，上报储量逐年递增。但是由于砂砾岩体特殊的成因机理，使得其地质条件复杂，期次划分对比难度大，砂砾岩分布规律认识不清，制约了该类油藏的进一步开发。

砂砾岩与常规砂岩储层不同，其缺乏稳定的泥岩隔层，地层标志不清楚，各种常规电性曲线在砂砾岩体集中发育段均反映不敏感。在常规地震剖面上（特别是位于基底断剥面附近），地震反射杂乱，同相轴连续性差，地震波能量差异大，层位闭合难度大。在盐22区块顺物源方向位于不同井排（3排）的地层产状差异大，层位不闭合，使得地质模型建立难度大。该地区地震资料是2006年采集处理的，不是针对砂砾岩储层，势必存在速度偏差，加之目的层埋藏深度大于3000m，地震资料主频低，严重制约了砂砾岩储层预测描述的精度。

针对砂砾岩储层研究的难点，以三维地震资料为基础，首先在地震资料提高分辨率处理的基础上，开展砂砾岩储集单元的预测。砂砾岩储集单元预测包括以下几项关键技术：

（1）地震资料提高分辨率处理技术。

（2）砂砾岩储层预测技术：协同建模技术、全局寻优算法和反演结果质量控制技术。

（3）砂砾岩有效储层预测技术：超面元处理技术和井中横波反演技术。

（4）砂砾岩岩性解释技术。

第一节　精细合成地震记录标定

盐22区块沙四段砂砾岩体在陡坡上呈楔状沉积，地层倾角比较大，埋藏深度大于3000m，成岩作用强，加上砾石成分的影响，济阳速度已经不能反映其时深关系，要准确地识别、描述砂砾岩体，就必须进行精细合成地震记录标定。

一、地震资料的品质分析

盐22区块三维地震覆盖面积50km^2，面元25m×25m，采样间隔2ms。目的层沙四段砂砾岩体在地震剖面上对应时窗范围为2500～2900ms，频率为8～40Hz，主频为20Hz。地震可识别的岩性体厚度以 $h = v/4f$ 计算，当深度小于3500m时砂砾岩平均速度为4800m/s，常规地震识别地层厚度约60m，当深度大于3500m时砂砾岩速度随深度明显增大，平均速度为5500m/s，常规地震识别地层厚度约70 m。

二、速度分析与层位标定

层位标定的正确与否是决定构造精细解释、属性提取及高精度储层预测效果的关键，因此要重视合成记录的制作质量。首先进行测井曲线的归一化处理，对不同的井曲线进行去野值、拉伸、时移、环境校正等处理。在此基础上进行合成记录的制作。其次，在过井剖面上、井曲线上分别选取易于识别的标志层，并依据地震资料的连续性，在剖面上建立起层位与井曲线的一致性。通过拉伸及压缩，使声波曲线的标准层对应在地震剖面的层位上，然后在标志层间进行微调。

速度分析是进行准确的层位标定和时深转换的关键，盐22井区有14口完钻井，7口直井，7口斜井，通过用7口直井与东营凹陷进行时深对比，发现在砂砾岩体发育段的时深关系与东营凹陷的时深关系存在较大差异，因此，在该区东营凹陷时深尺不适用（图4-1），但各井间的时深关系还是相对一致的。

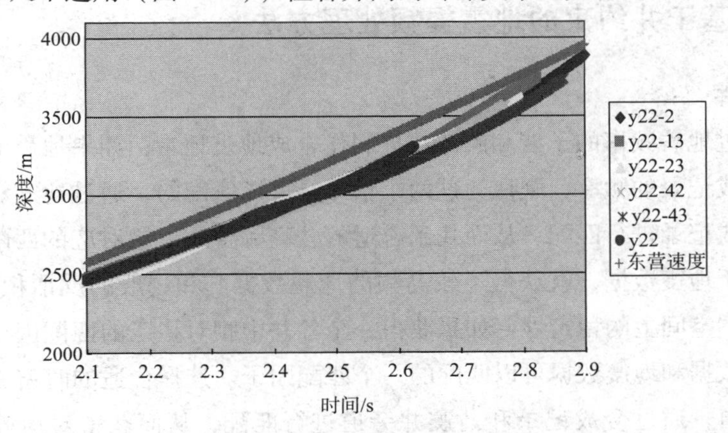

图4-1 盐22区块与东营凹陷时深关系对比图

第二节　地震资料提高分辨率处理

盐22区块沙四段砂砾岩体埋藏深度大于3000m，目前尚未形成较成熟的地球物理勘探开发技术，在一定程度上制约了砂砾岩体的油藏开发进程。从地震资料品质看，由于深层地震波传播距离远，在传播过程中的能量衰减与高频吸收作用会导致深层地震资料的分辨率和信噪比较低。深层由于成岩作用、压实作用强，使得岩电震关系复杂，这些问题的存在必然导致许多常规的储层预测技术存在局限性。有必要在反演前拓宽地震资料频带宽度，补偿低频成分和高频衰减分量，提高地震资料的分辨率。

研究人员利用小波变换、反Q滤波技术及频谱补偿技术等对地震资料进行提高分辨率处理。Liu等在2004年提出了基于雷克子波的子波匹配算法，之后于2005年又提出了基于Morlet子波的匹配追踪分解方法。在这种方法中，可以把地震数据分解成许多不同频率、不同尺度的子波，也就是说可以通过不同的子波重构匹配组成原数据。地震合成记录和地震数据都可以看作是由不同的子波组成，即可以由不同子波进行匹配，而在同一层位，子波频率大致相同，故可用近似频率的地震记录进行匹配。利用褶积数学物理方程来建立测井合成地震记录和地震数据的相关关系，从而实现测井高频信息对地震数据的补偿，达到提高地震记录的主频，展宽地震资料的频带以及提高地震资料分辨率的目的。

关键技术：①用从井上得到超过地震主频的频率合成地震记录；②用理论模型来确定提频截止频率；③得到各井相对一致的提频因子。

一、基于井约束的地震提频处理方法

1. 基本思路

用超过地震频率的子波和测井数据制作合成地震记录，如果地震的频率为靠近测井合成记录的频率，则认为这两个信号是可以匹配的，通过地震和不同频率子波的合成记录进行匹配，从而找到合适的较高频合成记录对应的匹配因子，应用此因子于地震数据，就获得了较高频的地震数据。和一般的反褶积不同的是，匹配更强调空间上的稳定性，如果获得一个各井中相对稳定的匹配因子，则认为这是测井数据和地震数据可以匹配的一个匹配因子。选择合适的时窗或对应基本地震等时窗，通过合成记录和地震井旁道进行匹配，从而获得对地震的匹配因

子，对地震应用此因子，最后可获得较高频的地震响应。当有多井数据时，则以求取多井处相对一致的匹配因子为准则，获取在空间上相对稳定的因子，从而应用于三维空间。

利用测井资料制作合成地震记录。在制作合成地震记录时可以选择不同频率的子波，并与井旁道进行对比，选择合适的频率。步骤如下：

（1）基于褶积模型，可以认为井旁地震道是由测井所得到的反射系数序列与地震子波褶积的结果。建立合成地震记录和井旁道地震数据的匹配方程，求取同一位置的两个记录 A 和 B 的匹配滤波算子；再把匹配滤波算子作用于 A（或 B），使 A（或 B）经匹配滤波后逼近 B（或 A）。可得到：

$$[S_w - S_s \cdot \omega]^2 \Rightarrow \min \qquad (4-1)$$

式中，S_w 为得到的合成地震记录；S_s 为井旁道地震数据；ω 为匹配滤波算子。包含合成地震记录的高频成分的因子，称为提频因子。

（2）对所有井对应的提频因子进行对比和质量分析，得到一个相对一致的 ω_a。如果不能得到相对一致的提频因子，则重新选定时窗和子波频率重复步骤（1）。

（3）通过求得全区的 ω_a，在层位数据的约束下，与地面地震记录建立褶积数学物理方程，得到新的数据体：

$$S_{ws} = S_s \cdot \omega_a \qquad (4-2)$$

式中，S_{ws}为变换后的地震数据；S_s为原地震数据。

2. 模型验证

参考盐 22 区块岩石物理参数，建立两个叠置的楔状体地质模型。模型顶层的密度为 2.42g/cm^3，速度为 3600 m/s；第一个楔状体的密度为 2.5g/cm^3，速度为 4300m/s；第二个楔状体的密度为 2.55g/cm^3，速度为 4500m/s；中间砂体的密度为 2.43g/cm^3，速度为 3700 m/s；下面砂体的密度为 2.44g/cm^3，速度为 3900 m/s；底层的密度为 2.6g/cm^3，速度为 5000m/s。图 4－2 所示为楔状体模型，图 4－3 为得到的地震数据。

在这个剖面上共有 200 道，正演地震记录时用的是 20Hz 子波，与本项目中地震数据主频相当。假设在第 100 道处有一口井，并根据地质体正演出这个位置处的测井数据，然后进行提频处理。

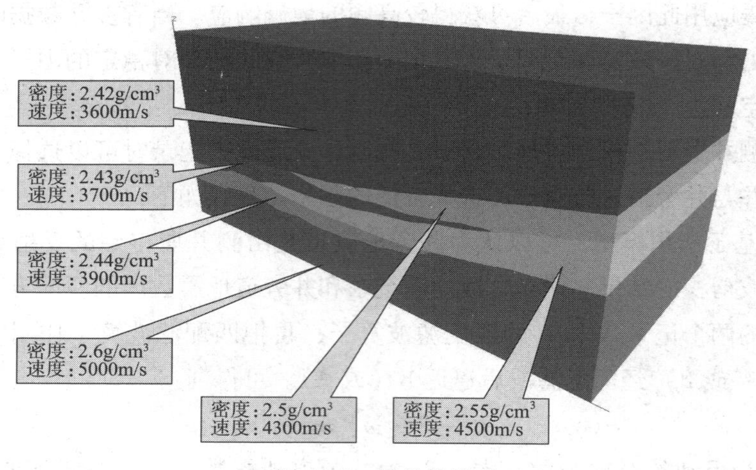

图 4－2　楔状体模型

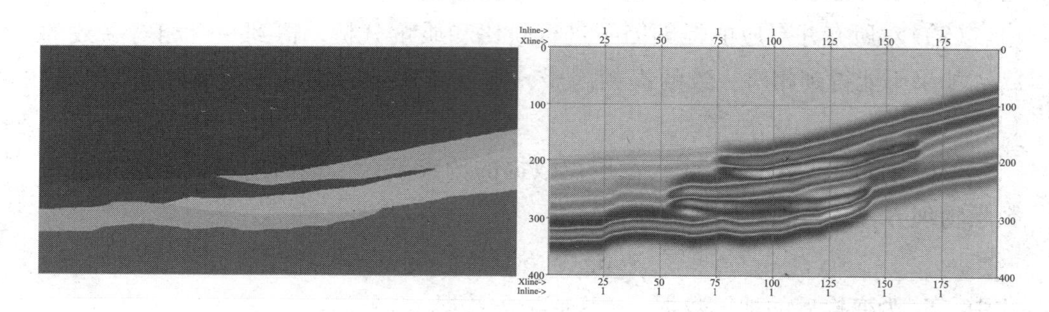

图 4－3　由 20Hz 子波正演得到的地震数据

在实验过程中，分别采用 25Hz、30Hz、35Hz 和 40Hz 的子波进行了计算，图 4－4 是用不同频率的子波合成地震记录后得到的匹配因子，图 4－5 是处理前后地震数据的频谱图。

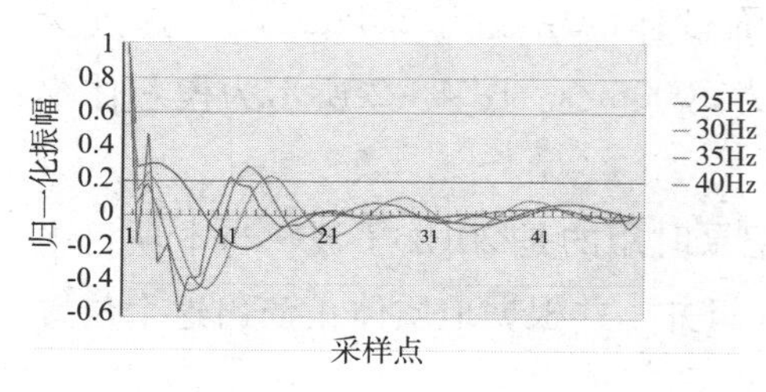

图 4－4　目标频率不同时所求得的匹配因子

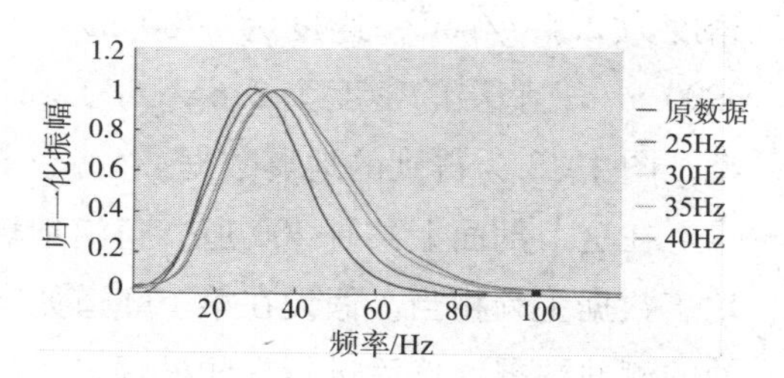

图 4－5　处理前后地震数据的频谱图

从图中看出，地震的分辨率有一定程度的提高，从匹配因子的对比可以看出（图4－6），高于40Hz后，出现了高频匹配因子的振荡，说明受到了噪音的影响。这同时是确定什么频率为提频截止频率的主要方法之一，即通过逐渐提高匹配频率，当出现振荡时，即可认为此频率为临界截止频率。因此提频因子不能无限提高，要在提高分辨率的同时保证其保真度。

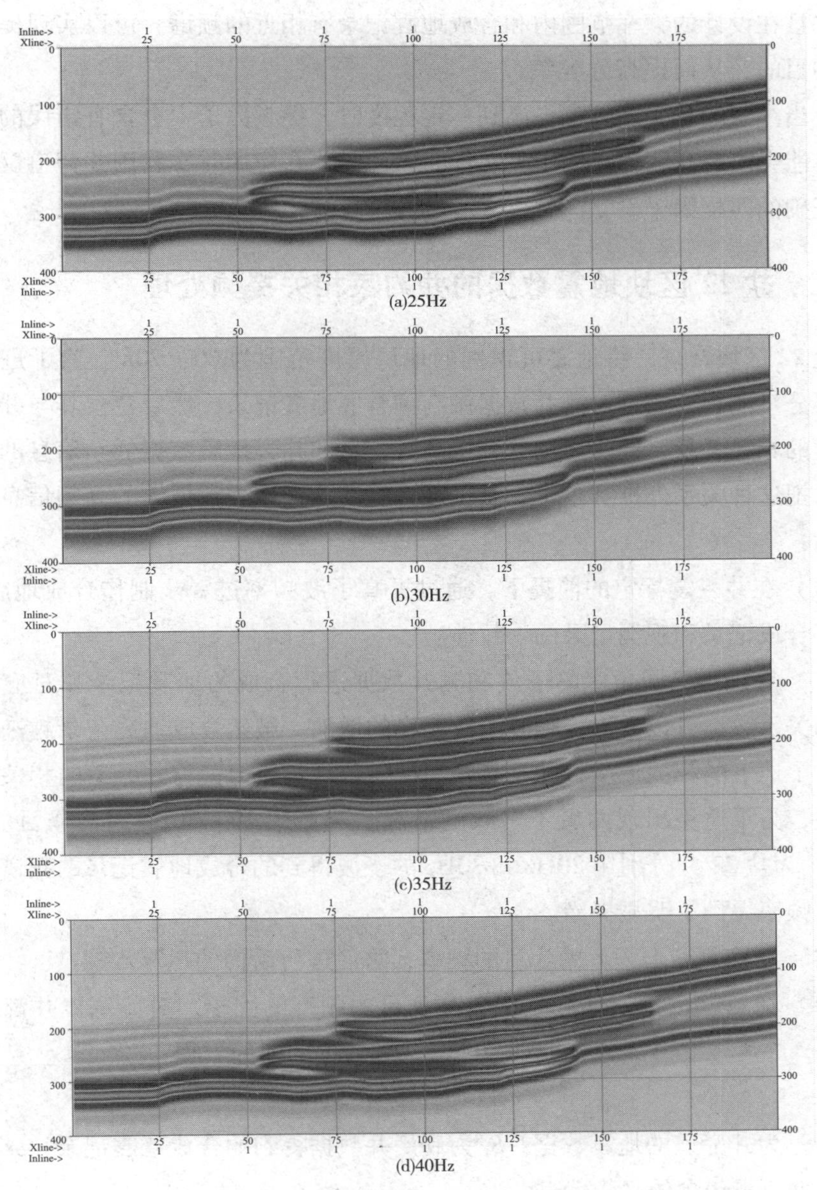

(a)25Hz

(b)30Hz

(c)35Hz

(d)40Hz

图4－6　对原剖面进行25Hz、30Hz、35Hz和40Hz子波提频后的剖面

用“基于井约束互相关方法”地震提频后的剖面，可分辨的厚度变小了，即分辨率增大了。从图4－5可以看出地震数据的主频有一定的提高，主要是高频成分所占的比重越来越大。

可以看出，利用从测井数据中提取的包含高频信息的因子来补偿地震数据的方法具有可行性，经过匹配处理后，地震数据可变到“零相位”的合成地震记录，并且在设计的频率范围内和合成地震记录有相近的频谱，可以实现提高地震频率的目的，从而提高分辨率。

应当注意的是，当频率提高到一定程度时，提频因子中会含有错误的高频信息，可能会出现高频信息的不真实性，因此需要在应用时，利用井旁道反复实验确定正确的匹配因子。

二、盐22区块地震数据的井约束相关提频处理

盐22区块常规三维地震可识别的地层厚度范围为60～70m。为了进一步提高地层分辨能力，通过对测井数据做高频合成地震记录，然后建立其与井旁道地震数据的相关关系，即建立测井数据高频信息和井旁地震数据低频信息的相关关系，并把这种关系外推到整个三维工区，提高三维地震数据体的高频信息。具体步骤为：

（1）在井－震标定的前提下，通过提高子波频率进一步制作合成地震记录，以观察合成记录和观测记录的一致性。

（2）在观察不同频率的子波和测井数据进行合成的地震记录和对应的井旁道的相关系数，可以看出，随着子波频率的增加，虽然合成地震记录越来越真实地反映了地下的相关情况，并且其频率也随着增长，但其与井旁道的相关性却越来越差，为了避免出现两者不一致的情况，选择用20～30Hz来当作目的频率。图4－7为盐22井分别用20Hz和30Hz的子波得到的合成地震记录的频谱，可以看出，频率得到了明显提高。

（3）在确定一个频率做为目的频率，之后进行后面的运算步骤。

（4）在假定ω为使地震频率提高到目的频率的因子，对应每口井都应该有一个ω，之后建立合成地震记录和井旁地震数据的匹配方程：

$$[S_1 - S_s \cdot \omega]^2 \Rightarrow \min \tag{4-3}$$

式中，S_s为井旁道的地震数据；S_1为利用井数据得到的合成地震记录；ω里含有地震数据所不包含的高频信息。

（5）分别解得各井的匹配方程得到一个ω，并把工区内该频率下的全部井对

应的 ω 进行对比和质量分析，通过取舍和平均，取得相对一致的 ω_a；如果不能得到相对一致的提频因子，则重新选定时窗和目的频率并重复进行步骤（3）。

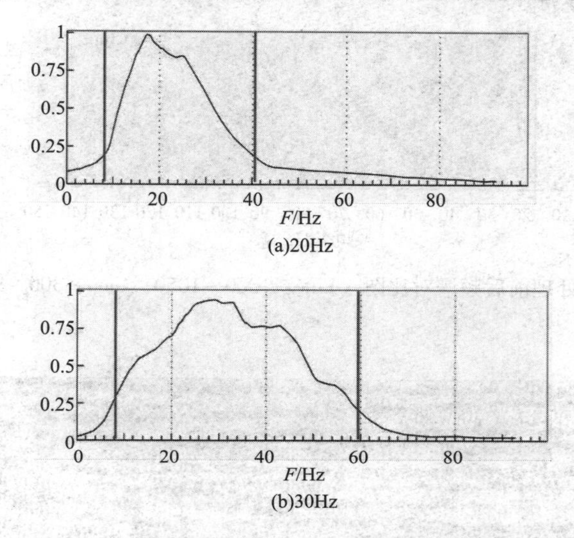

图 4－7　盐 22 井分别用 20Hz 和 30Hz 的子波得到的合成地震记录的频谱

（6）如果能得到相对一致的 ω_a，则把 ω_a 应用到整个数据体，这样就把 ω_a 中所包含的测井数据的高频信息补偿给了地震数据，得到分辨率与目标频率下合成地震记录更接近的地震数据体。之后再增大目的频率，重复步骤（3），直到不能得到相对一致的因子，此时即为该方法所能达到的最好效果。在盐 22 区块中，当目的频率是 30Hz 时可以得到相对一致的提频因子，而当目的频率为 35Hz 时，各井间的提频因子相差特别大，表明该目的频率在全区难以达到一致，故选择 30Hz 为最后的目的频率。图 4－8 所示为各井在 30Hz 的提频因子比较和最终的统一因子，可见，各井提频因子之间一致性很好，所以该频率是满足条件的（图 4－9～图 4－11）。

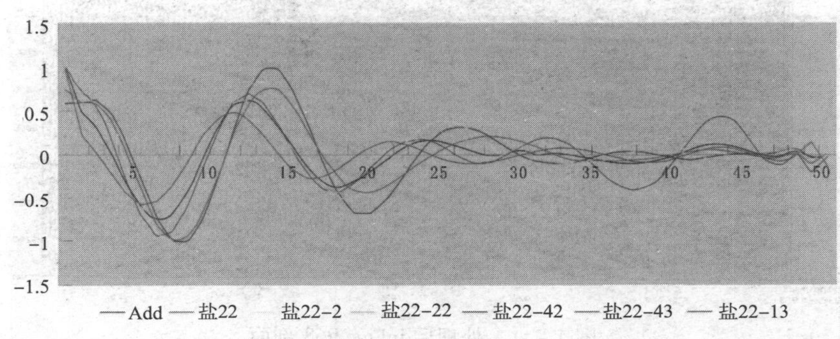

图 4－8　各井在 30Hz 的提频因子比较和最终的统一因子

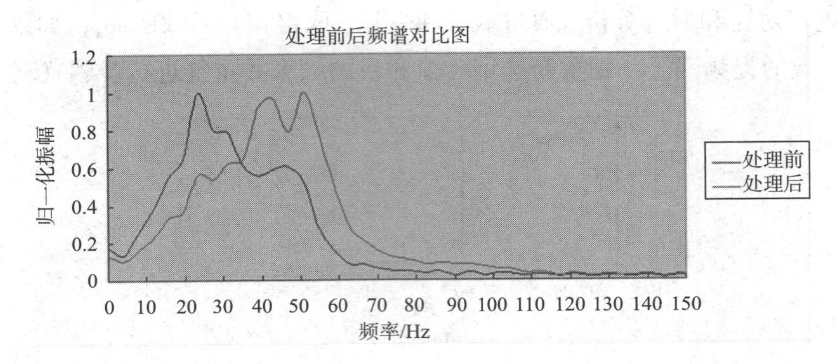

图 4－9 处理前后频谱对比图（Line：1000～1050；Cmp：300～900Time）

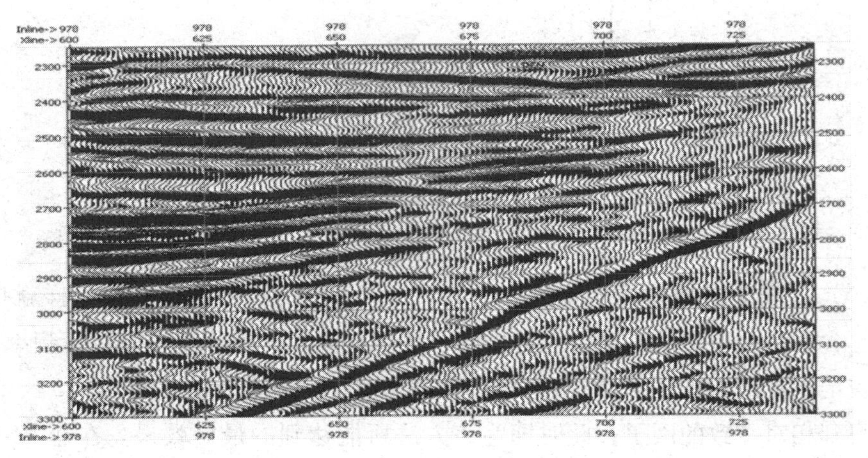

图 4－10 处理前 inLine 968 剖面

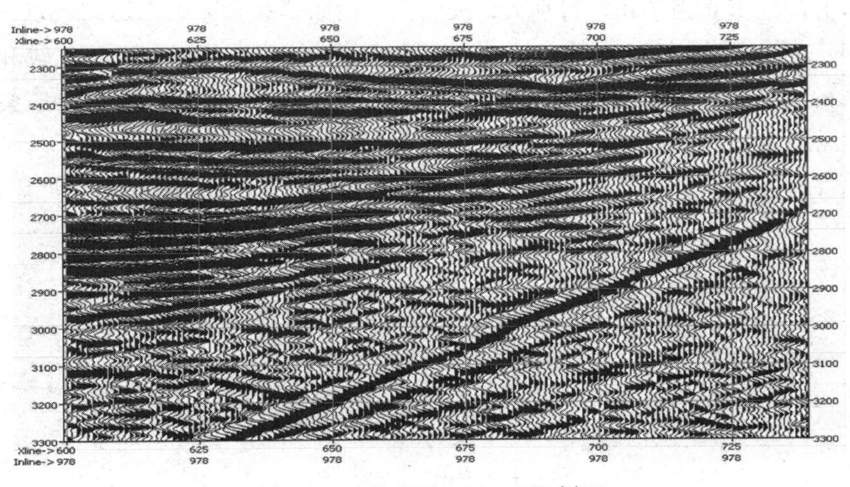

图 4－11 处理后 inLine 968 剖面

第三节　地震属性分析

地震属性是指地震数据经过数学变换而导出的有关地震波的几何形态、运动学特征、动力学特征和统计学特征的具体测量。

从地震数据中提取的属性种类繁多，多达百种。盐 22 区块目的层反射杂乱，地震层位解释闭合难度大，地震波能量差异大，制约了地震属性分析工作。砂砾岩发育区地震能量明显弱于洼陷部位，针对目的层提取的总能量、瞬时能量、衰减梯度、最大能量、分频 25Hz 及 35Hz 等多种体属性均不理想（图 4 – 12）。

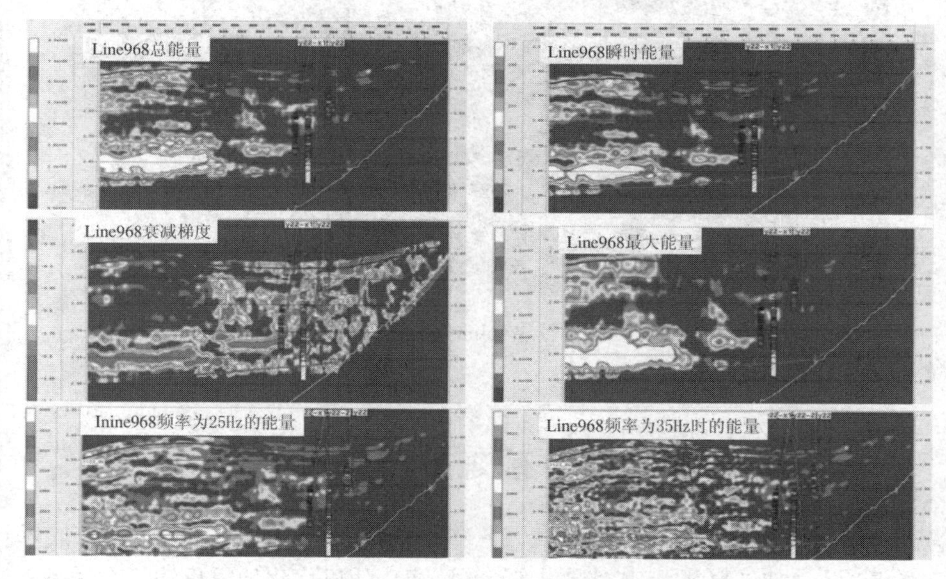

图 4 – 12　砂岩调谐（分频、最大调谐能量）时间厚度

瞬时相位是地震剖面上同相轴连续性的量度，无论能量的强弱，它的相位都能显示出来，即使是弱振幅有效波在瞬时相位图上也能很好地显示出来。当波在各向异性的均匀介质中传播时，其相位是连续的；当波在有异常存在的介质中传播时，其相位将在异常位置发生显著变化，在剖面图中明显不连续。因此，利用瞬时相位能够较好地对地下分层和地下异常进行辨别。当瞬时相位剖面图中出现相位不连续时，就可以判断该处存在分层或异常。

瞬时相位表示在所选样点上各道的相位值，单位为度（°）或者弧度（rad），它的值为 – 180° ~ 180°，可以用于增强油藏内部的弱同相轴。

计算公式为：
$$\theta(t) = \tan^{-1}\frac{h(t)}{f(t)} \tag{4-4}$$

当地震波穿越不同岩性地层时，它会引起地震波相位的滞后，由于瞬时相位对岩性边界的检测比较敏感，并且可以增强油藏内地的弱同相轴，因此地层的不连续性及岩性变化更易被发现。

瞬时相位属性对地层连续性反映比较敏感，对岩性变化反映突出，能够反映出砂砾岩扇根部位的不连续性及扇体的包络面（图 4－13）。

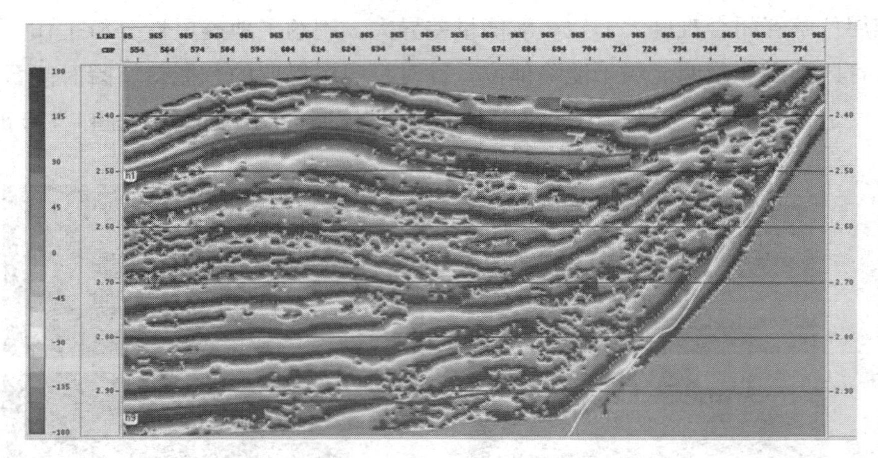

图 4－13　盐 22 区块 Inline965 线瞬时相位剖面图

第四节　砂砾岩储层预测

在盐 22 区块实际工作中，通过 Strata 反演、随机优化地震反演、非线性反演及基于协同建模的全区寻优反演等多种方法试验，最终选择利用基于协同建模全局寻优的地震反演方法对砂砾岩体进行预测。

基于协同建模的全局寻优储层预测技术思路为：通过测井曲线敏感性分析，进行拟声波曲线重构；应用协同建模技术，开展全局寻优的井约束反演；运用反演结果质量控制技术，得到合理准确的预测结果。

具体研究流程如图 4－14 所示。

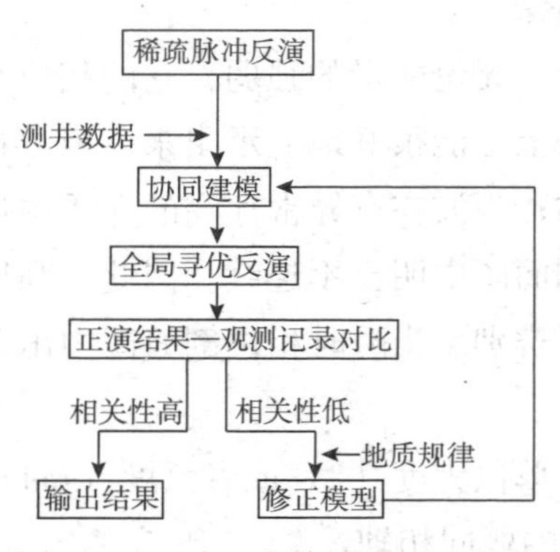

图 4－14　砂砾岩储层预测流程图

一、测井曲线敏感性分析

盐 22 区块目的层岩性以砂砾岩为主，且砂砾岩十分发育，从测井曲线与单井岩性柱状图比较发现，声波阻抗与岩性对应关系不好，所以在进行波阻抗反演时不能简单使用声波曲线，需要引入相对声波阻抗，以消除地层埋深和砾石对声波阻抗的影响，从而能更好地进行岩性识别。

通过测井曲线与岩性对比分析，可以大致了解储层纵向分布、物性变化和横向上的差异性，也可以发现应该用哪种曲线识别岩性及储层物性。通过对盐 22 区块所有反映岩性的测井曲线的分析发现，自然电位曲线与岩性的对应关系略好于其他曲线，能够较好地反映地层岩性的变化（图 4－15）。

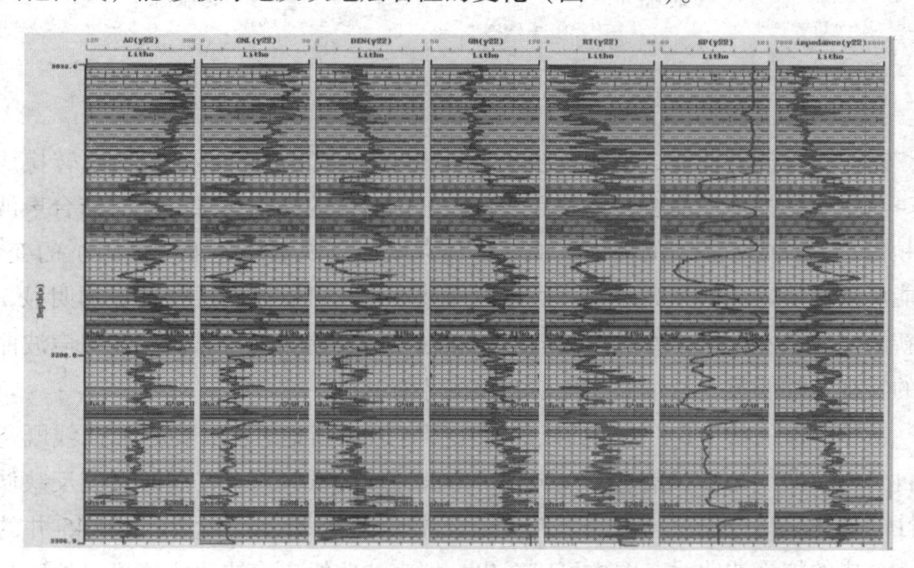

图 4－15　测井曲线反映储层敏感性分析

通过测井曲线交汇分析（图 4－16），该区声波曲线并不能反映储层岩性的变化，需进行曲线重构，建立能够反映储层岩性变化的拟声波曲线，用于地震反演。

二、拟声波曲线构建

通过测井曲线敏感性分析，自然电位曲线对储层反映较为敏感，可以用自然电位曲线区分储层与非储层。

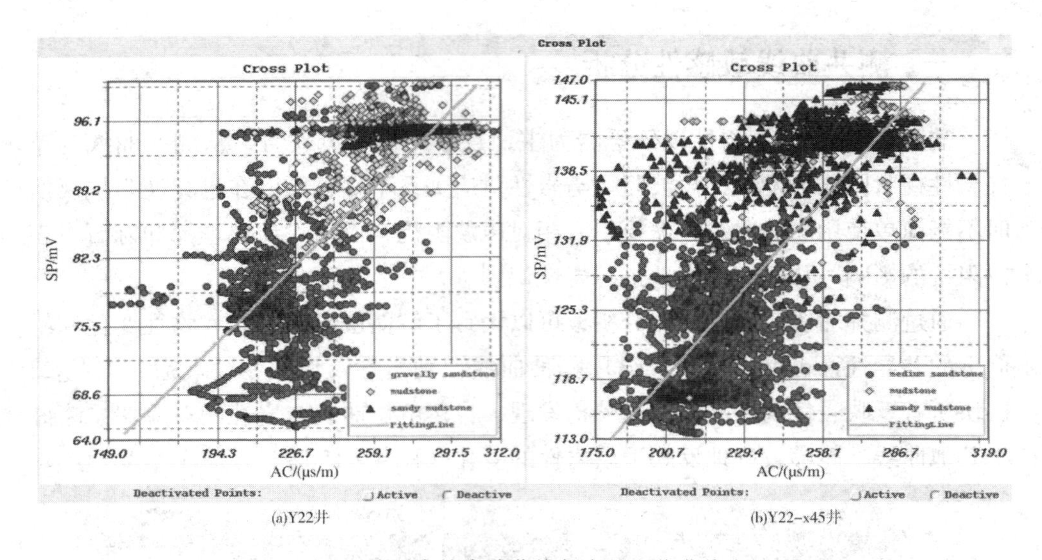

图 4－16　砂砾岩的声波曲线与自然电位曲线交汇图

基于声波测井曲线，把能反映盐 22 区块岩性变化的自然电位曲线转换成具有声波量纲的拟声波曲线，使其具备自然电位曲线的高频信息，同时结合声波的低频信息，合成一条新的拟声波曲线，使它既能反映地层速度和波阻抗的变化，又能反映地层岩性的细微差别。通过拟声波重建，可以使储层特征更加明显，而且新的曲线基本保留了原始声波的形态和细节，又使储层与非储层在拟声波曲线上的特征愈加明显，后续储层反演和预测才有基础。

从拟声波曲线 DT 和声波曲线的对比图可以清晰地看到，拟声波曲线既包含了自然电位曲线的高频信息，又包含了声波曲线的低频信息，同时又能反映储层岩性的变化，区分储层与围岩。图 4 － 17 展示了盐 22 井、盐 22 － 斜 45 井的声波、合成的拟声波曲线。图中可以看出，拟声波曲线比声波曲线能更好地区分储层岩性。

通过对砂砾岩声波波阻抗和拟声波波阻抗频率分布对比可知，两者在声波阻抗砂砾岩频率分布基本重合，而拟声波阻抗值砂砾岩的频率高，而泥岩的频率低，所以用声波阻抗不能区分，而合成的拟声波波阻抗可以把砂砾岩和泥岩很好地区分开来（图 4 －18）。

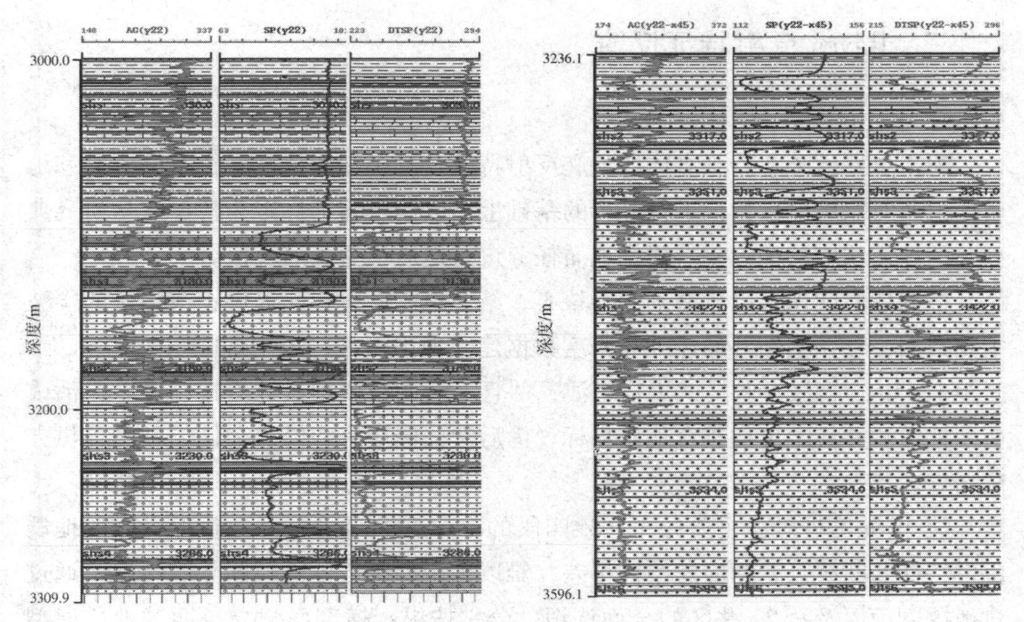

图 4－17　拟声波曲线 DT 与岩性关系图

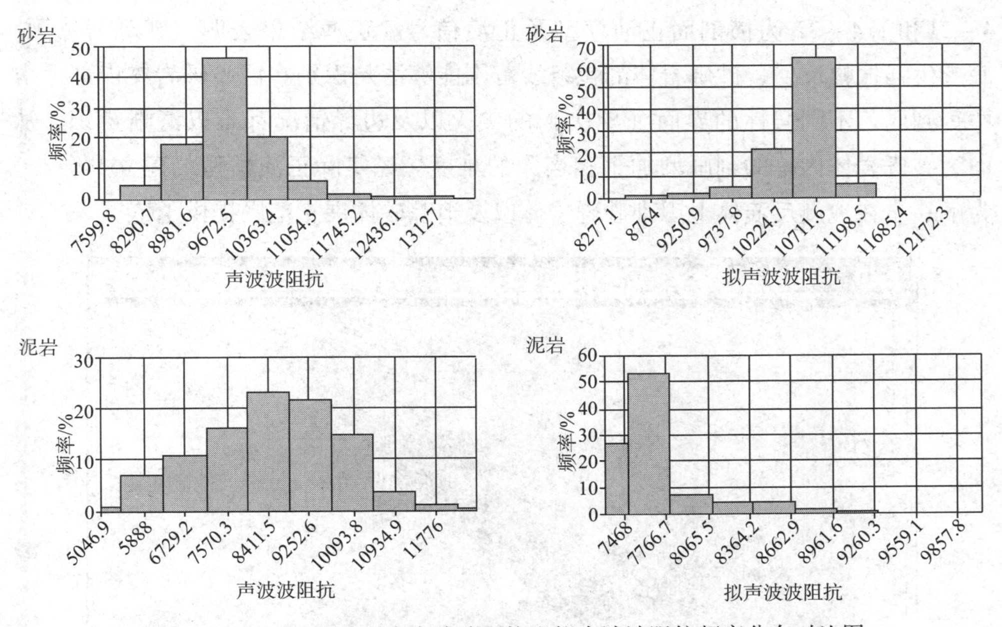

图 4－18　盐 22 井砂砾岩声波波阻抗和拟声波波阻抗频率分布对比图

三、Bayes 反射特征反演

1. 正演模型

为了更好地了解砂砾岩体的地震反射特征及沉积规律特征，在水槽实验和地质认识及对储层电性特征进行分析的基础上，以储层精细标定为桥梁，从研究典型井的地震响应特征入手，根据地质任务进行地质模型正演模拟。

根据地质认识，以典型剖面为核心，结合地震反射特征提供正演记录的子波主频数据，参照实钻井的速度和密度数据建立理论模型，采用炮间距 12.5m，道间距 12.5m，自激自收模式进行正演，并且不断调整模型设计方案，可以灵活改变模拟参数并使之更加符合地质目标，为后续的储层沉积模式和储层预测提供方法指导。

盐 22 井区砂砾岩主要分布在砂四段的二、三油组段，而且砂砾岩体的地震反射特征断断续续，横向连续性很差，难以确定砂砾岩体的空间分布情况。通过对地震剖面以及盐 22 井区的全面认识，分别按纵、横剖面建立了两种地质模型进行模型正演。图 4－19 和图 4－20 为纵剖面正演模型和模型正演信号，图 4－21和图 4－22 为横剖面正演模型及正演信号。正演结果表明，砂砾岩体顶、底产生强振幅反射，砂砾岩体的包络线范围能够清楚识别。但砂砾岩体内部反射中等到弱，不同岩性的界面（期次）的尖灭以及边界情况都难以清晰辨识，从而为砂砾岩体内幕的刻画增加了相当大的难度。经实际正演模型的建立和分析，为下一步在地震反演体上识别砂砾岩体以及追踪砂体展布范围提供了依据。

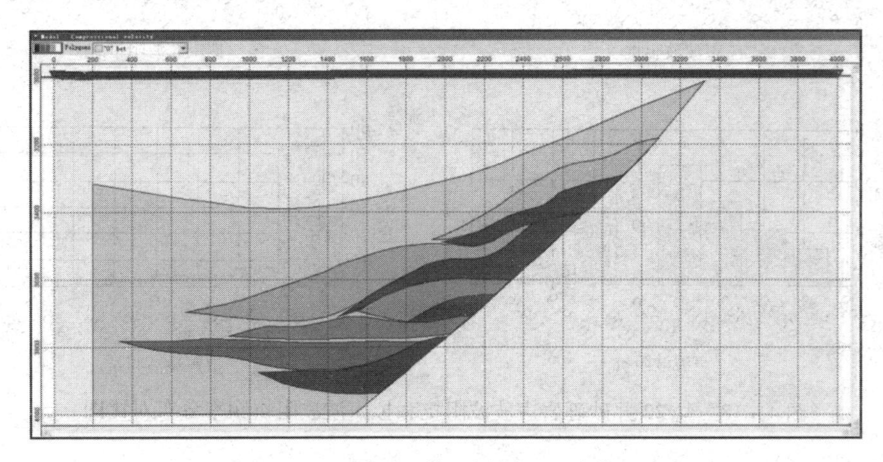

图 4－19　盐 22 井区纵剖面正演模型

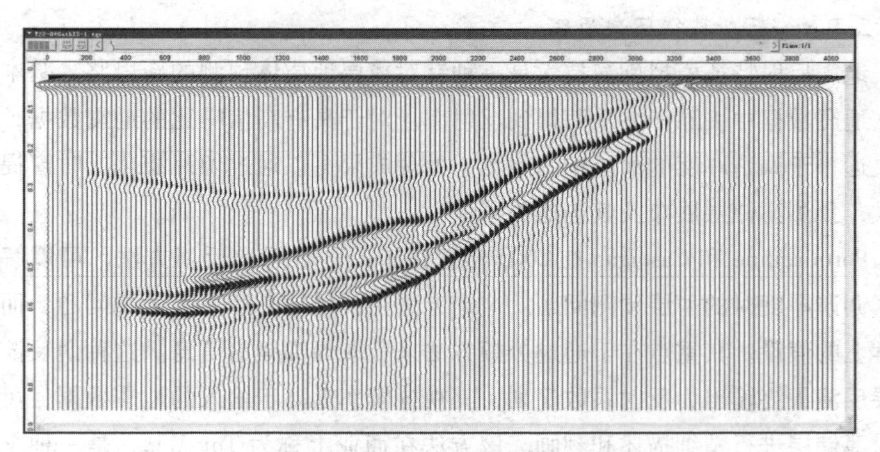

图 4－20　盐 22 井区纵剖面地质模型正演结果

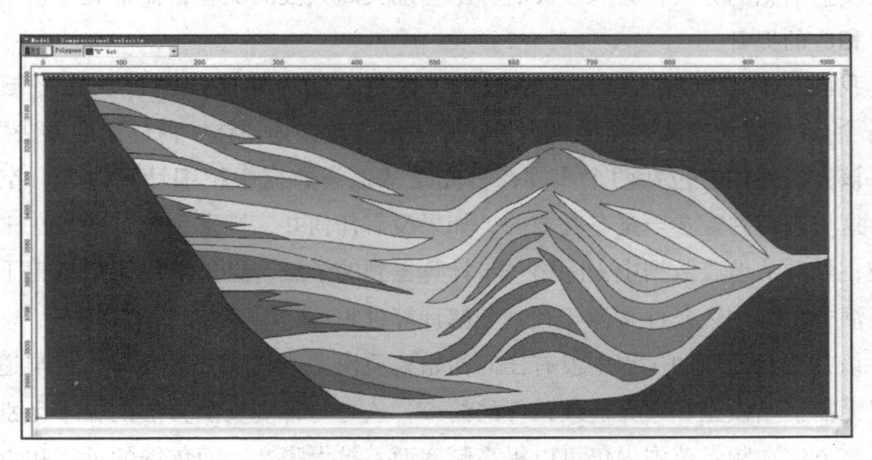

图 4－21　盐 22 井区横剖面正演模型

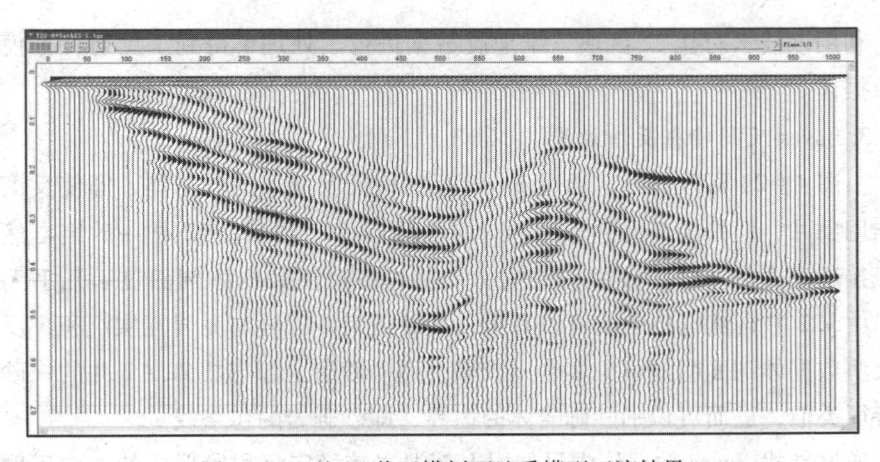

图 4－22　盐 22 井区横剖面地质模型正演结果

2. Bayes 反射特征反演原理

地震反射特征模拟反演技术是一种针对薄层地质体预测的新思路，基本原理是从地震数据中去除子波从而得到反射率。对于具有高信噪比的地震数据，可以解决远小于调谐厚度的薄层预测问题。处理成果可以通过切片演化或时窗提取的方式，预测薄储层展布及其连通关系。

Portniaguine 和 Castagna 在 2005 年探讨了一种叠后谱反演方法，可以解决在小于调谐厚度时的薄层预测问题。这个方法主要从地质意义上考虑问题，而不是数学上的假设。其重点在于通过分频方法来获取局部频谱信息。这种谱反演或者薄层反演最终输出为反射系数序列，其视分辨率远高于输入的地震数据，可以用来对薄储层进行精细描述和刻画。该方法在商业上称为 ThinMan，是一种全新的提取反射信息的方式，去除子波时并不会加大高频段的噪音，而地震分辨率却得到了相应的提升。

我们基于该原理，对方法稍微做了改进，作为储层预测模块之一镶嵌到 iLoop 油藏地球物理综合研究平台上，作为解决复杂地质体、薄储层的方法之一。

该方法整体上包括两个步骤：首先是从地震数据中精细计算时变、空变子波。这里进行井控参与是有必要的，如果没有任何井，则采用统计的方法来计算子波；然后从地震数据中去除第一步计算得到的子波，这里采用了谱约束下的地震反演方法，约束条件来源于频谱分解计算过程。

该方法在处理的过程中没有任何初始地质模型或解释方案参与，道与道计算方式无需初始模型和边界连续条件的约束，这是与常规反演方法的根本区别。另外，该方法在频带范围内仍可以提高频率而不扩大噪音，而传统的反褶积方法则做不到这一点。

利用该技术对盐 22 区块三维地震数据进行了处理，得到了反射特征模拟反演数据体。

3. Bayes 反射特征反演效果

由图 4 - 23 可以看出，通过 Bayes 反射特征反演后的数据体，即使反演过程中未用到井，但是局部地区与井点对应效果较好。如 y22 - 2 井一砂组自然电位曲线接近泥岩基线，主要发育泥岩，反射特征反演数据体剖面显示几乎无反射轴。由 y22 井自然电位曲线可以看出，一砂组为砂砾岩与泥岩互层沉积，反射特征反演数据体剖面明显可见多个地震轴，而一砂组上部与盐 22 - 2 井的一砂组反射特征类似，进而可识别砂砾岩体的边界，即砂砾岩的包络线。

通过寻找 Bayes 数据体中目的层上部泥岩较稳定沉积段形成的空白反射，逐道追踪砂砾岩的体边界。另外，根据砂砾岩体内幕岩性组成与外围岩性的差异，也能识别砂砾岩的边界。砂砾岩体内幕由砂砾岩组成，平面变化快，Bayes 反射特征剖面上表现为断续小轴弱反射；砂砾岩体外围由较稳定的湖湘泥岩构成，形成较连续的强反射。

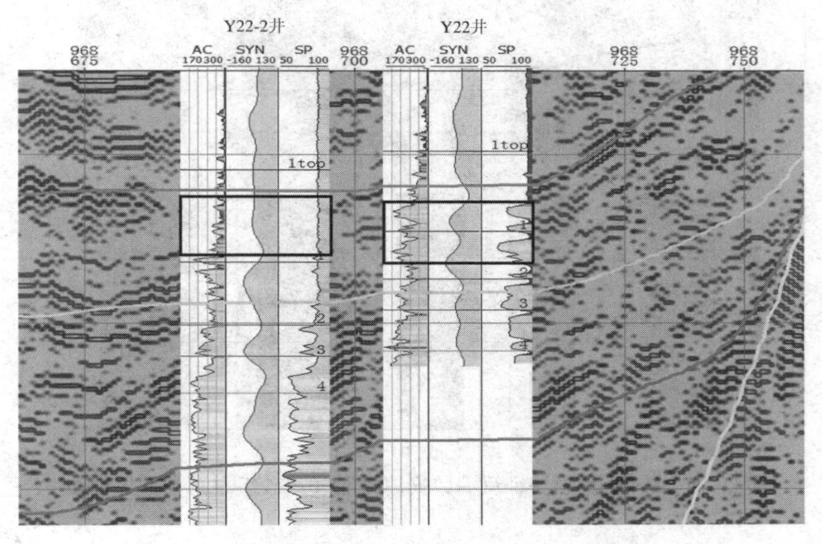

图 4 – 23　Bayes 反射特征反演数据体连井剖面图

由于砂砾岩体混杂堆积，追踪界面时会有“窜轴”现象，横向非均质性影响严重。提取平面地震属性时，会表现出地震属性高低相间的特征（图 4 – 24）。因此，可以主要根据 Bayes 反射特征的信息，识别砂砾岩体的边界，并划分大的期次界面，对砂砾岩体内幕进行重新认识。

Bayes 反射剖面中可明显看出西侧湖相泥岩沉积为主的区域为高频连续反射，东侧靠近边界断层区域为低频断续反射特征（图 4 – 25），并且能明显看出一些高频连续的强反射轴与断续的轴的交界位置，若将高频地震轴向东侧延伸，能够反映出几个大的界面，与井结合，Bayes 反射特征由连续强反射的变为断续弱反射的界面即砂砾岩体的包络面。由图 4 – 25 可知，砂砾岩体至少沉积了 6 个大的期次。由于多数钻遇井为钻至底部期次的砂砾岩体，由下至上砂砾岩体规模逐渐减少，上部界面较下部弱，最终将全区的砂砾岩体进行合并，共对 4 个大的期次进行全区追踪，作为后期反演的层位控制。东部高频地震反射中出现局部区域地震轴的扭曲、不连续，可能为湖相浊积体沉积。

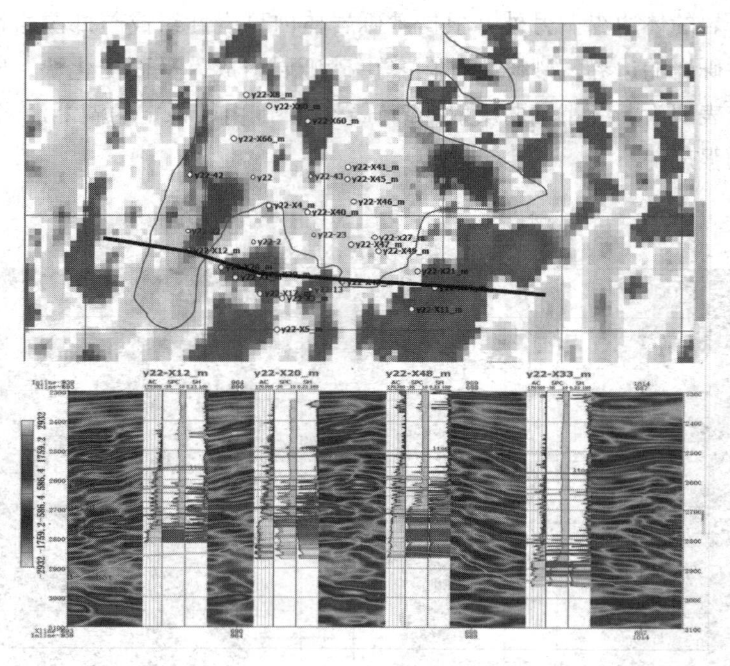

图 4－24　Bayes 反射特征反演数据体沿层（三砂组顶）平面属性图

四、协同建模

建模是反演的基础，如何综合地质、测井、地震等多种信息建立准确的地质模型来减少模型的修改量及迭代次数，提高反演的精度，是建模的关键。普通的内插建模方法，无论是线性的还是非线性的，都是使用测井数据，利用地震解释层位控制曲线插值。该方法适用于井比较多的情况，对于普通砂岩及水平沉积地层，这种方法效果较好；但对于砂砾岩储层由于其沉积在陡坡带，地层倾角大，砂砾岩产状与大的沉积界面不同，单纯用大的沉积界面作为控制层，建立的初始模型反映不出砂砾岩次级期次的沉积特点，不符合砂砾岩沉积规律，这是砂砾岩储层反演初始模型建立的难点。图 4－26 是利用线性和分形建模方法建立的初始地质模型，从图中可以看出，线性建模方法建立的模型在横向上受层位控制均匀插值，模型化严重，没有很好地反映出砂砾岩的沉积特征。分形建模方法在横向上根据振幅的变化控制模型的微观特征，受地震波能量差异影响严重。

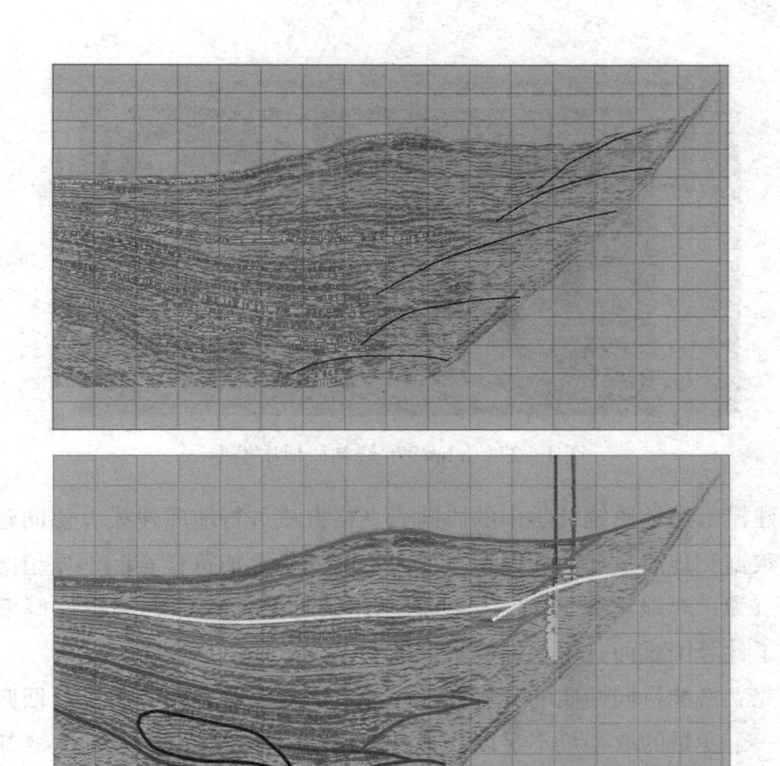

图 4－25　Bayes 反射特征反演数据体连井剖面图

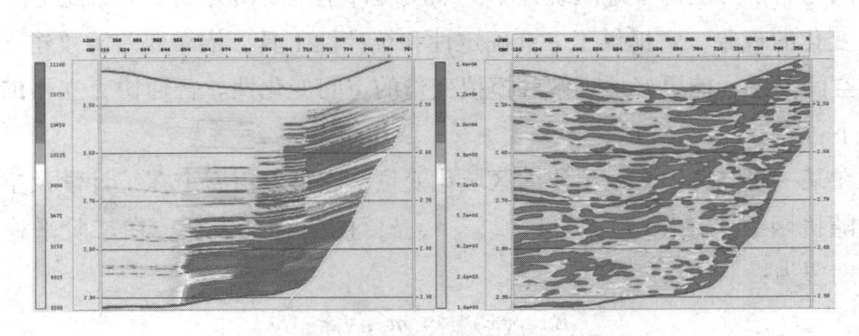

图 4－26　Inline968 线初始地质模型

为使所建立的初始模型既符合砂砾岩沉积特征而又不模型化，考虑用反演结果约束地质模型弥补模型的不确定性。因为反演数据体是把常规的界面型剖面转化为阻抗型剖面，保留了原始地震剖面中砂砾岩的沉积特征，弥补了常规建模方法的不确定性，而且克服了常规地震剖面地震波能量差异大的特点。图 4－27 是利用稀疏脉冲反演结果及测井数据协同建立的初始地质模型。

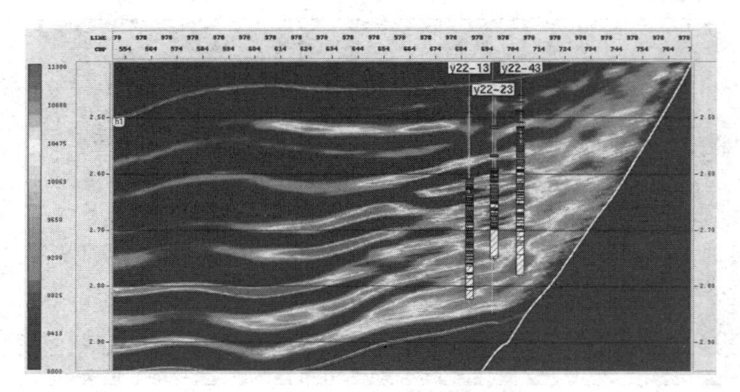

图 4－27　Inline976 线初始地质模型

协同建模采用地质统计学中的协同克立格方法进行地质建模。协同建模方法兼顾测井数据和地震数据，使模型在横向上的变化更加符合实际地质情况，协同建模的特点为：对地震数据置信区间信息用统计的形式加入到累计概率密度函数，回避了计算困难而且不易准确求取的变差函数。

协同克立格能将同性质的变量或不同性质的变量综合在一起进行回归和空间插值。当一个变量的取样量不足以获得所需精度的估计量，而其他变量却有较充足的取样量时，研究这个变量与其他变量间的空间相关关系，借助其他变量的样品信息用协同克立格法就可以提高对这个变量的估计精度。例如，可以根据地震的属性和井的声波曲线建立波阻抗模型。

协同克立格方法源于地质统计学。地质统计学主要研究地质对象随空间（或时间）变化的现象，它提供了一套确定性和统计性工具，依靠变差函数建立各个变量的空间关系，能更好地理解和模拟变量的空间变化性。普通协克立格的基本算法如下：

设在某一研究区内有一组协同区域化变量，它可以由 k 个在统计学及空间上相关的随机函数 $\{z_k(x),k=1,2,\cdots,k\}$ 的集合来表征，在二阶平稳假设下，其期望为：

$$E\{z_k(x)\} = m_k, \forall x$$

互协方差为：

$$C_{k'k}(h) = E\{[z_{k'}(x+h)\cdot z_k(x)]\} - m_{k'}m_k$$

互变异函数为：

$$\gamma_{k'k}(h) = \frac{1}{2}E\left\{[z_{k'}(x+h) - z_{k'}(x)][z_k(x+h) - z_k(x)]\right\}$$

设 k_0 为 $k=1,2,\cdots,K$ 个区域化变量中某一要估计的主要变量，则待估域

V 上主要变量 Z_{k_0}（x）的平均值 $Z_{V_{k_0}}$ 的协同克立格估计值 $Z^*_{V_{k_0}}$ 是：

$$Z^*_{V_{k_0}} = \sum_{k=1}^{K}\sum_{\alpha_k=1}^{n_k}\lambda_{\alpha_k} z_{\alpha_k}$$

上式中的 k_0 是诸区域化变量 k（$k=1, 2, \cdots, K$）中某一特定的需要研究的主变量，z_{α_k}（$\alpha_k=1, 2, \cdots, n_k$）是估计邻域内定义于支撑 $\{v_{\alpha_k}\}$ 上的有效数据，λ_{α_k} 是对应于每一支撑 v_{α_k} 的权系数。为了求解 λ_{α_k}，必须解下列协同克立格方程组：

$$\begin{cases} \sum_{k'=1}^{K}\sum_{\beta_{k'}=1}^{n_{k'}}\lambda_{\beta_{k'}}\bar{C}_{k'k}(v_{\beta_{k'}}, v_{\alpha_k}) - \mu k = \bar{C}_{k_0,k}(V_{k_0}, v_{\alpha_k}), \forall\alpha_k = 1,2,\cdots,n_k, k = 1,2,\cdots,K \\ \sum_{\alpha_{k_0}=1}^{n_{k_0}}\lambda_{\alpha_{k_0}} = 1 \\ \sum_{\alpha_k=1}^{n_k}\lambda_{\alpha_k} = 0, \forall_k \neq k_0 \end{cases}$$

相对应的协同克立格方差是：

$$\sigma^2_{V_{k_0}} = \bar{C}_{k_0k_0}(V_{k_0}, V_{k_0}) + \mu_{k_0} - \sum_{k=1}^{K}\sum_{\alpha_k=1}^{n_k}\lambda_{\alpha_k}\bar{C}_{k_0k}(V_{k_0}, V_{\alpha_k})$$

对于协同克立格法而言，互变差函数 $\gamma_{k'k}$（h）与互协方差函数 $C_{k'k}$（h）在二阶平稳条件下有如下关系式：

$$\gamma_{k'k}(h) = C_{k'k}(0) - \frac{1}{2}[C_{k'k}(h) + C_{kk'}(h)]$$

求解上述方程组，即完成协同克立格估计值 $Z^*_{V_{k_0}}$ 的计算和精度分析。

在地质建模中常用高斯协克立格法，但该方法有两个显著的缺陷：一是建立井与地震的相关性模型需要大量的变异函数计算，特别是协变异函数计算，而在实际情况下，由于井数据的稀疏和地震数据的高密度性使得，协变异函数的计算非常困难和不准确；二是没有方法对地震的数值设立置信区间。我们采用同位协克立格算法（CO－Model）克服了这两个缺陷。针对第一个缺陷，在保留地震数据的影响前提下避免了普通克立格法所带来的重复地震信息，从而加快了运算进程，能在较短时间完成所需的建模工作。对于第二个缺陷，CO－Model 采用了改进的局部累积概率密度函数，把搜索范围内的地震数据的置信区间信息用统计的形式加入累积概率密度函数。具体的实现步骤是：

（1）选择在用户定义的数值区间内的测井数据作为硬数据，并将它们转换为正态空间数据。针对地震数据，首先把地震数据校正到测井数据的范围内，然后转换到正态空间，并记录下对应的高斯转换数据关系。

（2）设计一条模拟路径，即模拟计算过程中的节点次序。

（3）在每一个被访问的节点上确定高斯分布的两个最重要参数——平均值和方差。采用数据包括邻近搜索范围内的测井数据、地震数据和已经模拟出的数据。

（4）根据已有的平均值和方差，从累积正态分布函数上用蒙特卡洛法提取一个模拟值加入模拟结果。

（5）按照设计的模拟路径，重复步骤（3）和步骤（4），直至所有的节点完成模拟。

（6）由于现在完成的模拟结果仍然处在正态空间，我们需要按照步骤（1）中新确定的高斯数据转换关系把正态转换回实数空间。

（7）完成协同建模。

五、井约束反演

在建立了可保留复杂构造和地层沉积学特征的初始地质模型之后，采用全局寻优反演算法模拟退火和宽带约束反演，经过反复多次联井线反演之实验，结合已有的地质认识，确定了适合盐22区块特点的反演参数。对初始地质模型进行反复迭代修正，得到高分辨率的波阻抗反演结果。这样既能获得全局最优解，又能合理利用约束条件提高反演的精度和收敛速度，使反演结果更为合理。

对声波曲线进行地震反演，获得了反映地层声波波阻抗变化的声波波阻抗数据体及反映地层速度变化的声波速度数据体。

利用全局寻优反演对模型进行高分辨率波阻抗反演，经反演得到高分辨率波阻抗数据体，反演的波阻抗数据体已基本能够反映地层和岩性的变化。通过分析认为，反演结果整体上反映了储层空间分布的特征，原始地震资料横向细节变化特征也得到了很好的反映；反演结果与测井曲线也具有较好的对应关系，提高了储层的纵向和横向分辨率（图4－28、图4－29）。

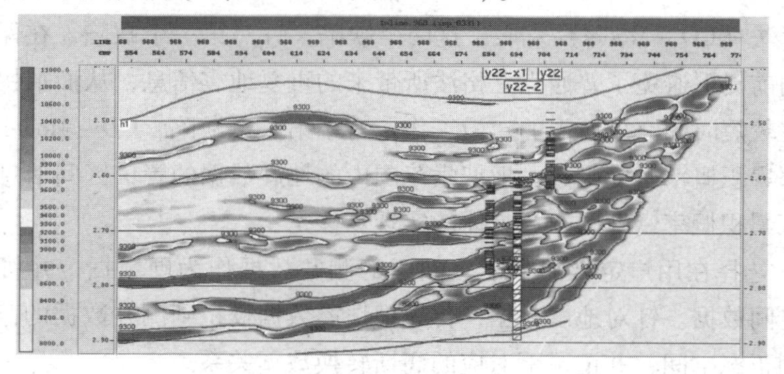

图4－28　Inline968线井约束反演剖面

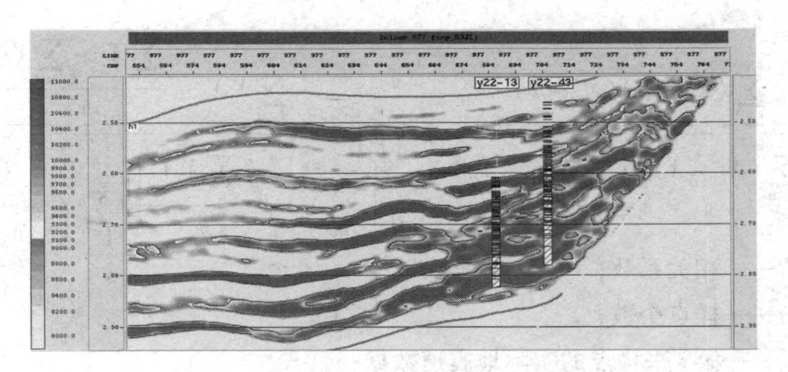

图 4－29　Inline976 线井约束反演剖面

六、交互反演

对于反演结果的评价遵循以下 3 个原则：①符合区域沉积规律；②与实钻井吻合；③忠实原始地震数据。如果满足上述条件则反演结束；否则进行交互反演，即回到协同建模部分，重新建立地震数据与测井数据在模型中所占的比重，再进行反演，直到得到的正演地震剖面与实际地震剖面相关系数高于 70%，且反演结果满足评价原则。

针对反演结果通过质量分析后，如果不满足评价原则，需要进行交互反演，其基本思路如图 4－30 所示。

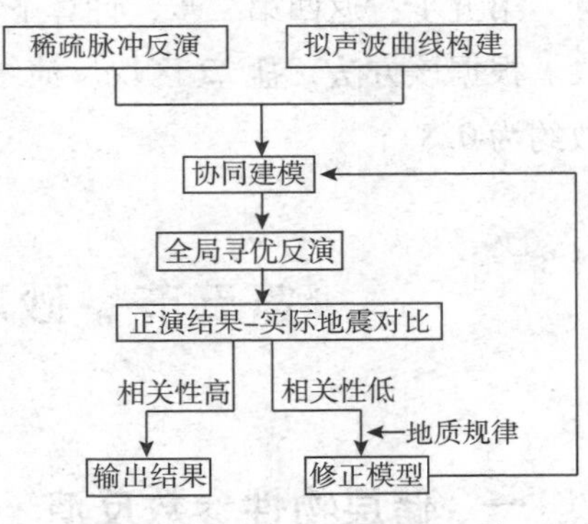

图 4－30　交互反演基本思路

进行交互反演时，要回到协同建模步骤，通过调整地震和测井资料在模型中所占的比例，以地震分布为依据建立适合砂砾岩沉积特点的初始模型。再通过全局寻优的井约束反演得到正演地震数据，利用正演数据与实际地震数据进行对比，直到两者相关性高，而且满足反演结果的判别标准，否则要进行模型的修正，再回到协同建模步骤。

交互反演的理论过程：

第一步：获得稀疏脉冲反演结果。

第二步：选取反演结果中某一道，并且与地震子波褶积或者合成地震记录，如下式：

$$Synthetic_{i,j} = AI_{i,j} \cdot WaveLet$$

第三步：分析实际地震与合成地震间的相关性，用公式可以表示为：

$$R=\frac{\sum_{i=0}^{n}(X_i-\bar{X})(Y_i-\bar{Y})}{\sqrt{\sum_{i=0}^{n}(X_i-\bar{X})^2\cdot\sum(Y_i-\bar{Y})^2}}=\frac{\sum_{i=0}^{n}X_iY_i-\frac{\sum_{i=0}^{n}X_i\cdot\sum_{i=0}^{n}Y_i}{n}}{\sqrt{\left[\sum_{i=0}^{n}X_i^2-\frac{(\sum_{i=0}^{n}X_i)^2}{n}\right]\left[\sum_{i=0}^{n}Y_i^2-\frac{(\sum_{i=0}^{n}Y_i)^2}{n}\right]}}$$

式中　R——相关系数；

n——样点个数；

X_i——第 i 采样点的实际地震道数据；

$\bar{X}$——地震道数据的平均值；

Y_i——第 i 采样点的实际地震道数据；

$\bar{Y}$——地震道数据的平均值。

第四步：如果相关系数差，则对 X_i 扰动，直到合成地震道与实际地震道相关很高，并且修改后的反演结果符合地质认识。

第五步：返回第二步，计算下一个地震道，直到整个三维工区。

根据该方法，盐22区块反演结果得到的正演数据与实际地震数据的相关系数约为0.8。

第五节　砂砾岩体有效储层预测

一、储层物性参数反演

在自然界中，把具有一定储集空间并能使储存在其中的流体在一定压差下流动的岩石称为储集岩。储集岩必须具备孔隙性和渗透性。孔隙性指岩石具备由各种孔隙、孔洞、裂隙及各种成岩缝所形成的储集空间，其中能储存流体。同时，储集岩还必须具有渗透性，即在一定压差下流体可在其中流动。广义地说，所有具有连通孔隙的岩石都能成为储集岩。

1. 基于统计模型法的原理

为了估算孔隙度参数，首先要建立各地质层位井中孔隙度曲线与拟声波波阻抗、波阻抗等数据体之间的非线性关系，用地震反演的拟声波波阻抗、波阻抗等数据体为输入，用参数反演实现拟声波波阻抗、波阻抗等数据体到储层参数之间的非线性映射。

2. 储层物性反演分析

砂砾岩体储层研究的重点是寻找优质储集相带，即发育有效储层得储集相带。因此，研究人员首先利用岩心分析等物性资料对砂砾岩体的有效储层进行界定。通过岩石物理分析得出孔隙度下限5.8%。

图4-31是盐22区块沙四段孔隙度与井旁拟声波波阻抗交汇图，两者的相关性也比较好，统计公式数值与实际数值的相关系数为0.71，利用统计公式，将拟声波波阻抗体转换为孔隙度数据体。

盐22区块沙四段砂砾岩的声阻抗和孔隙度之间存在以下关系：

$$\Phi = 0.001AI - 10.59$$

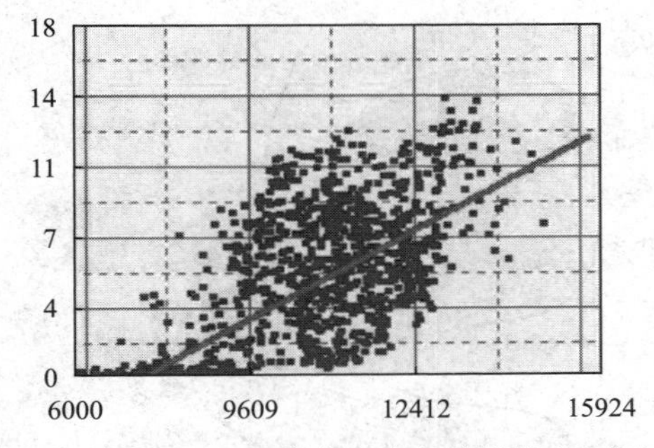

图4-31 盐22区块孔隙度与波阻抗交汇图

利用参数反演体进行剖面和平面分析，了解砂体的物性分布。图4-32是过Xline707线沙四上储层孔隙度参数反演剖面，从图上可以看出，井点处孔隙度反演剖面与孔隙度测井曲线吻合较好，地层物性特征变化清楚，有利于对有利储层进行平面描述。

二、叠前弹性反演

叠后地震反演使用全角度叠加地震资料，信息是粗化的，损失了很多储层及油气信息，并只能反演出纵波波阻抗参数。叠前弹性波阻抗反演技术利用不同炮检距地震数据及横波、纵波、密度等测井资料联合反演出岩性、含油气性相关的多种弹性参数，综合判别储层物性及含油气性。关键技术包括：超面元叠加技术和基于流体替换的井中横波反演技术。

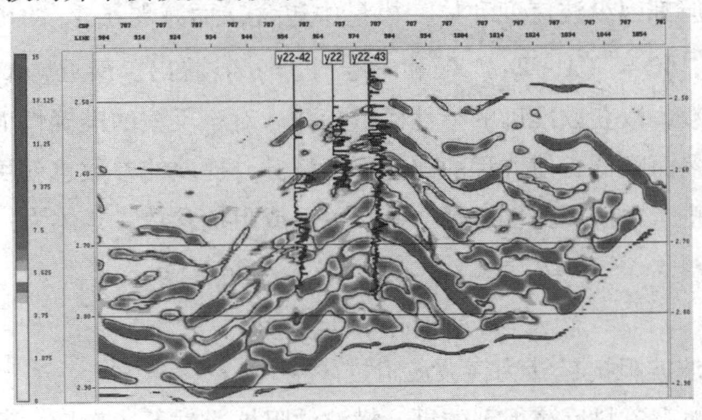

图4-32 Xline707线孔隙度参数反演剖面

1. 叠前弹性波阻抗反演技术原理

地震反射振幅不仅与分界面两侧介质的地震弹性参数有关，而且随入射角变化而变化。叠前弹性波阻抗反演技术利用不同炮检距地震数据及横波、纵波、密度等测井资料，联合反演出与岩性、含油气性相关的多种弹性参数，综合判别储层物性及含油气性。正是由于叠前弹性波阻抗反演利用了大量地震及测井信息，所以进行多参数分析的结果较叠后声阻抗反演在可信度方面有很大提高，可对含油气性进行半定量－定量描述。图 4－33 为碎屑岩纵波速度与泊松比关系交汇图。该成果表明：碎屑岩地层中含气砂岩、含流体砂岩、致密砂岩和泥岩之间的泊松比差异明显。这是进行弹性波阻抗反演，运用弹性参数预测储层物性的基础和前提。

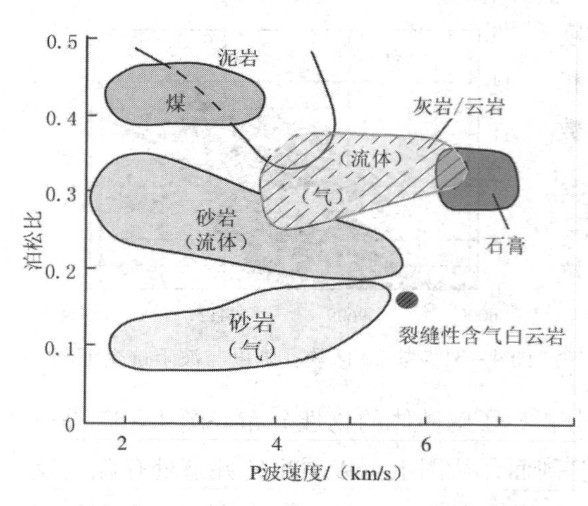

图 4－33　碎屑岩纵波速度与泊松比关系

传统的 AVO 和岩石物理分析通过提取和分析纵、横波速度的异常变化来确定孔隙流体和岩性的变化。纵、横波速度和密度对反射系数的重要性，可以从平面波的 Zoeppritz 方程中看出。但是，在波动方程中，Md2U/dX2 =∫ d2U/dX2，（U 是位移），其表达式并不与地震波速度直接相关，而与岩石密度和弹性模量相关。因此，直接考虑泊松比、拉梅系数和岩石剪切模量，相比于采用地震波速度能更好地反映岩石物理特征。地震的纵波速度与含孔隙流体岩石特征的关系是靠体变模量 K 联系在一起的，体变模量 K 和纵波速度都包含了最敏感的流体检测因子拉梅系数，但都因纵波速度和体变模量中包含 μ 而减弱了 V_p 的敏感性，对这可以由关系式，$V_p^2=(\lambda+2\mu)/_\rho$ 和 $V_s^2=V_s^2=\mu/\rho$ 看出。最近，AVO 的反演试图包含密度参数，以获取准确的弹性模量参数。对于反演的准确性而言，其精度随未知量的增多而降低，使方程的解变得不稳健，提取的参数也就更不准确。因此，在反演中将考虑使用弹性模量、密度关系或阻抗参数，具体为：

$$AI^2=(V_p\cdot\rho)^2=(\lambda+2\mu)\cdot\rho$$

$$SI^2=(V_s\cdot\rho)^2=\mu\cdot\rho$$

式中，AI 为纵波波阻抗；SI 为横波波阻抗。

通过叠前地震资料反演得到的纵、横波波阻抗通过下述变换，可以得到拉梅系数和岩石密度的乘积剖面和剪切模量和岩石密度的乘积剖面，即 $\lambda\rho$ 和 $\mu\rho$。

$$\lambda = V_p^2\rho - 2V_s^2\rho$$

$$\mu = V_s^2\rho$$

$$\lambda\rho = PI^2 - 2SI^2, \mu\rho = SI^2$$

$$\sigma = \frac{\lambda}{2(\lambda+\mu)} = \frac{0.5 - (V_s/V_p)^2}{1-(V_s/V_p)^2} = \frac{0.5-(SI/AI)^2}{1-(SI/AI)^2}$$

上式表明，泊松比（σ）相对来说对流体检测因子拉梅系数 λ 较敏感，是一个较好的流体检测弹性参数。

垂直入射（自激自收）时，反射系数为：

$$R_{pp} = \frac{\rho_2 V_{p2} - \rho_1 V_{p1}}{\rho_2 V_{p2} - \rho_1 V_{p1}}$$

式中，R_{pp}为纵波反射系数；ρ_1、ρ_2 对应为上、下介质密度；V_{p1}、V_{p2}分别为上、下层介质的纵波速度。而非垂直入射（炮检距不为零）时，纵、横波的反射和透射系数是以佐布里兹（Zoeppritz）方程的矩阵形式表示的：

$$\begin{bmatrix} R_{pp} \\ R_{ps} \\ T_{pp} \\ T_{ps} \end{bmatrix} = \begin{bmatrix} -\sin\theta_1 & -\cos\varphi_1 & \sin\theta_2 & \cos\varphi_2 \\ \cos\theta_1 & -\sin\varphi_1 & \cos\theta_2 & -\sin\varphi_2 \\ \sin 2\theta_1 & \frac{V_{p1}}{V_{s1}}\cos 2\varphi_1 & \frac{\rho_2 V_{s2}^2 V_{p1}}{\rho_1 V_{s1}^2 V_{p2}}\cos 2\theta_2 & \frac{\rho_2 V_{s2} V_{p1}}{\rho_1 V_{s1}^2}\cos 2\varphi_2 \\ -\cos 2\varphi_1 & \frac{V_{s1}}{V_{p1}}\sin 2\varphi_1 & \frac{\rho_2 V_{p2}}{\rho_1 V_{p1}}\cos 2\varphi_2 & \frac{\rho_2 V_{s1}}{\rho_1 V_{p1}^2}\sin 2\varphi_2 \end{bmatrix} = \begin{bmatrix} \sin\theta_1 \\ \cos\theta_1 \\ \sin 2\theta_1 \\ \cos 2\varphi_1 \end{bmatrix}$$

式中，R_{pp}、R_{ps}分别为纵、横波反射系数；T_{pp}、T_{ps}分别为纵、横波透射系数。

但该式并未直观表述纵、横波速度及密度对反射系数的贡献。Connolly 等学者对上述反射系数表达式作出近似。Connolly 定义 P 波入射角的弹性波阻抗 EI（θ）为：

$$EI = V_P^{(1+\tan^2\theta)} V_S^{(-8K\sin^2\theta)} \rho^{(1-4K\sin^2\theta)}$$

弹性波阻抗的基本作用是代替与入射角相关的 P 波反射率，就象 AI 代表零偏移距反射率一样。当 $\theta=0°$时，纵波反射系数为：

$$R_{pp}(0°) = \frac{AI_2 - AI_1}{AI_2 - AI_1}$$

此时，弹性阻抗与声阻抗相等，即 $EI = AI = \rho V_P$。

如果我们定义反射界面上、下介质的弹性波阻抗 EI_1 和 EI_2 的数学表达式为：

$$EI_1 = V_{P1}^{(1+\tan^2\theta)} V_{S1}^{(-8K\sin^2\theta)} \rho_1^{(1-4K\sin^2\theta)}$$

$$EI_2 = V_{P2}^{(1+\tan^2\theta)} V_{S2}^{(-8K\sin^2\theta)} \rho_2^{(1-4K\sin^2\theta)}$$

式中下标1、2分别表示界面上、下介质，K的表达方式为：

$$K = \frac{\left[(\frac{V_{S1}}{V_{P1}})^2 + (\frac{V_{S2}}{V_{P2}})^2\right]}{2}$$

根据上述公式定义的弹性波阻抗，可得入射角为θ时的反射系数可近似为：

$$R_{pp}(\theta) \approx \frac{EI_2 - EI_1}{EI_2 - EI_1}$$

由上式可见，非垂直入射时反射系数的表达式与垂直入射时反射系数的表达式一样，这样我们就可以借用传统相对成熟的叠后波阻抗反演方法反演弹性波阻抗，这也是Connolly定义弹性波阻抗的原因。

由弹性波阻抗的表达式可得：

$$\cos^2\theta \ln(EI) = \ln(\rho V_p) - \{4K[\ln(\rho) + 2\ln(V_s)] + \ln(\rho)\}\sin^2\theta + 4K[\ln(\rho) + 2\ln(V_s)]\sin^4\theta$$

当入射角小于30°时，$\tan 2\theta \approx \sin 2\theta$，$\sin 4\theta \approx 0$，上式可简化为：

$$\ln(EI) \approx \ln(\rho V_p) + \{\ln(V_p) - 4K[\ln(\rho) + 2\ln(V_s)]\}\sin^2\theta$$

上式中，有V_p、V_s、ρ共3个未知数，利用不同入射角数据进行反演，就得到多个入射角弹性阻抗，由此建立方程组可求取其他弹性参数，用于岩性及油气预测。

2. 叠前CRP道集数据分析及处理

盐22区块叠前CRP道集地震数据满覆盖次数为49次，偏移距为150～4950m。主要研究目的层为2500～2900ms，叠前CRP道集数据主频低，信噪比、波阻特征不清，地震资料品质差，远偏移距道集动校拉伸严重，这些均不利于叠前弹性波阻抗反演。

在处理中通过实验分析，划分了3个偏移距750m、1850m和2650m道集数据体，选择3个入射角角数据集5°、15°、25°。由于盐22区块目的层较深，远偏移距动校拉伸影响较大，故大于4000m的偏移距叠加质量已无法满足AVO处理要求。由于划分的3个道集数据覆盖次数低和地震资料信噪比低，为了提高信噪比和叠加效果，利用超面元方法，即原面元50m×25m，经实验采用超面元75m×75m，叠后其他处理保持不变，偏移速度模型保持不变，可完成盐22区块三维5°、15°、25°入射角偏移数据体，同时可完成盐22区块三维偏移距750m、1850m、2650m偏移数据体。从最终处理剖面效果来看，地震归位准确，波组特征清晰，目的层段内有效频带为8～45Hz。

3. 基于流体替换模型的井中横波速度反演技术

基于流体置换模型技术，应用纵波声波时差、密度、泥质含量、孔隙度、含水饱和度和骨架、流体等各种弹性参量，反演井中横波速度（图4－34）。根据井中纵波速度、横波速度和密度计算井中弹性波阻抗，在复杂构造框架和多种储层沉积模式的约束下，采用地震分形插值技术建立可保留复杂构造和地层沉积学特征的弹性波阻抗模型，使反演结果符合盐22区块的构造、沉积和异常体特征。采用广义线性反演技术反演各个角度的地震子波，得到与入射角有关的地震子波。在每个角道集上，采用宽带约束反演方法反演弹性波阻抗，得到与入射角有关的弹性波阻抗。最后对不同角度的弹性波阻抗反演纵、横波阻抗，进而获得泊松比等弹性参数，对储层的几何、物性和含流体特性进行精细描述。

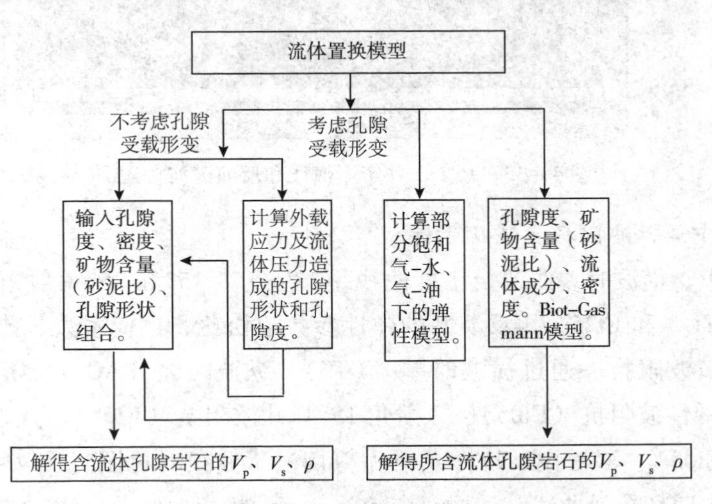

图4－34　流体置换模型

流体置换模型考虑了流体的饱和度、孔隙形状和流体压力的影响。流体压力改变会引起孔隙尤其是微细孔隙的闭合与开启。因此，考虑形状不同的孔隙在受载应力下的变化和响应是非常重要的。孔隙的形状及取向分布是影响介质弹性刚度系数的主要参量，在不同的流体压力及应力场作用下，孔隙的形状会发生变形，从而改变了孔隙的形状与大小。实际上，扁率小于0.01或更小的细微孔隙，其密度在不足1%的情况下就会发生速度20%的变化。

图4－35所示为盐222井实测横波和反演横波对比图，从图中可见井中实测横波和反演横波吻合很好，证明了基于流体置换模型技术反演横波速度的技术方法是切实可行的。为了增加叠前弹性波阻抗反演的空间控制，利用基于流体置换模型技术，应用纵波声波时差、密度、泥质含量、孔隙度、含水饱和度和骨架、流体的各种弹性参量，反演了盐22－13井、盐22－2井、盐22－43井等8口井中的横波速度（图4－36），为叠前反演提供基础。

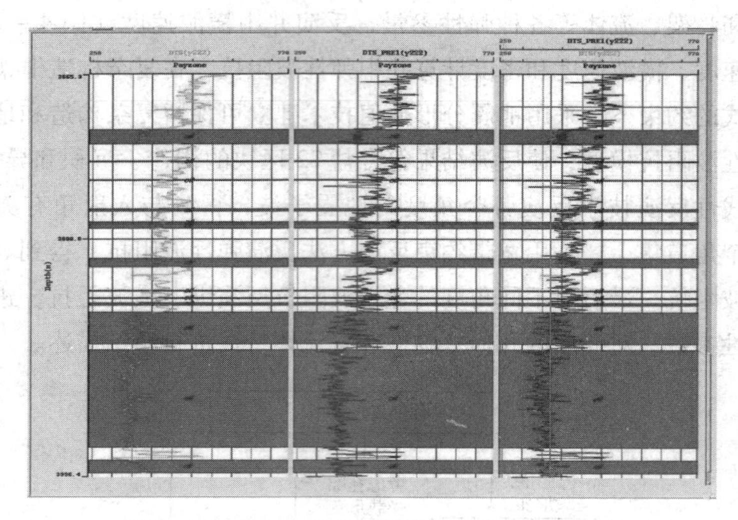

图 4－35　盐 222 井实测横波和反演横波对比图

4. 井中弹性波阻抗反演及分析

利用纵、横波时差曲线及密度曲线，产生 5°、15° 和 25° 入射角的弹性波阻抗 EI05、EI15 和 EI25，再反演井的弹性参数泊松比、拉梅系数、剪切模量、纵波阻抗和横波阻抗。通过横波时差（DTS）、纵波时差（AC）、密度（DEN）、入射角 5°弹性波阻抗（EI05）、入射角 15°弹性波阻抗（EI05）、入射角 25°弹性波阻抗（EI05）、泊松比、拉梅系数和剪切模量曲线对比图（图 4－37）分析，拉梅系数、剪切模量曲线与油层对应较差，而泊松比曲线与油层对应很好，油层为低泊松比的特征，这也说明弹性参数泊松比能够很好地反映盐 22 区块砂砾岩有效储层，也是三维叠前弹性波阻抗反演的重要依据。

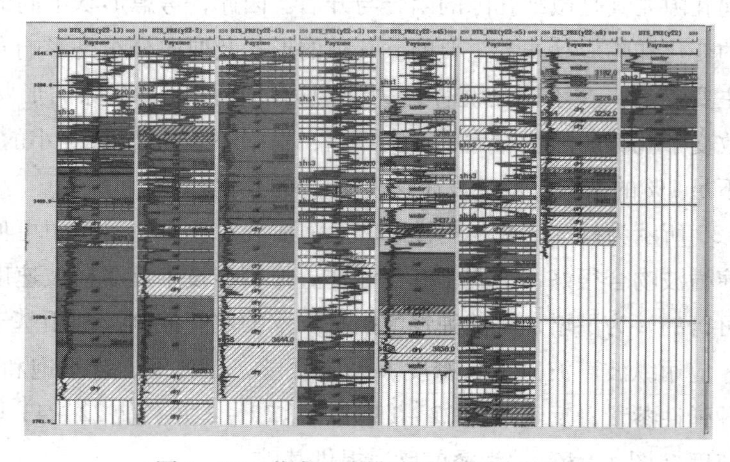

图 4－36　井中反演横波时差曲线对比图

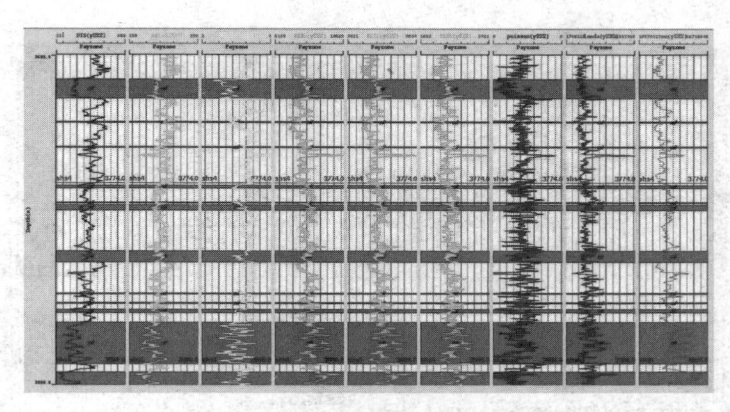

图 4-37　井中反演的各种弹性参数

5. 三维叠前弹性波阻抗反演及效果分析

弹性波阻抗反演技术的基本思路是根据井中纵波速度、横波速度和密度计算井中弹性波阻抗，在复杂构造框架和多种储层沉积模式的约束下，采用地震分形插值技术建立可保留复杂构造和地层沉积学特征的弹性波阻抗模型，使反演结果符合研究区的构造、沉积和异常体特征。采用广义线性反演技术反演各个角度的地震子波，得到与入射角有关的地震子波。在每一个角道集上，采用宽带约束反演方法反演弹性波阻抗，得到与入射角有关的弹性波阻抗。最后，对不同角度的弹性波阻抗反演纵、横波阻抗，进而获得泊松比、剪切模量、拉梅系数、纵波阻抗、横波阻抗等弹性参数。

通过对盐 22 区块井中目的层段储层的泊松比直方图（图 4-38）进行分析，其泊松比分布在 0~0.5；从盐 22 区块井中油层的泊松比直方图（图 4-39）上分析，其油层为低泊松比特征，油层泊松比为 0~0.22。

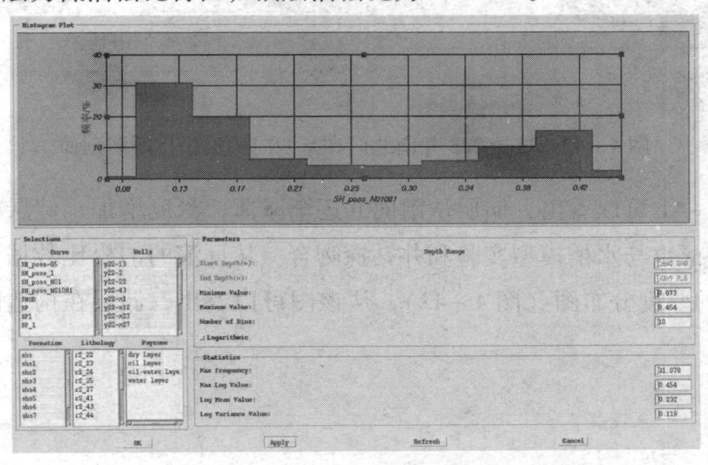

图 4-38　盐 22 区块目的层段储层的泊松比直方图

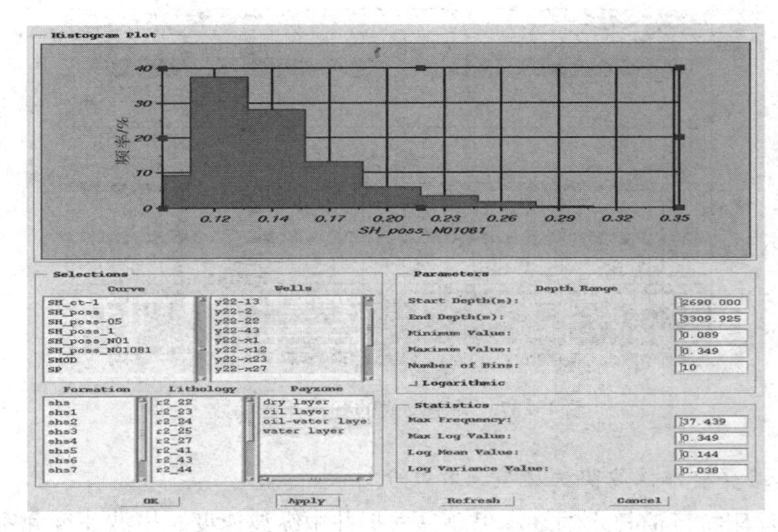

图 4-39　盐 22 区块油层的泊松比直方图

从过盐 222 井的南北向泊松比反演剖面及过盐 222 井的东西向泊松比反演剖面（图 4-40）上分析，盐 222 井上油层与反演泊松比剖面吻合很好，油层主要位于下部。

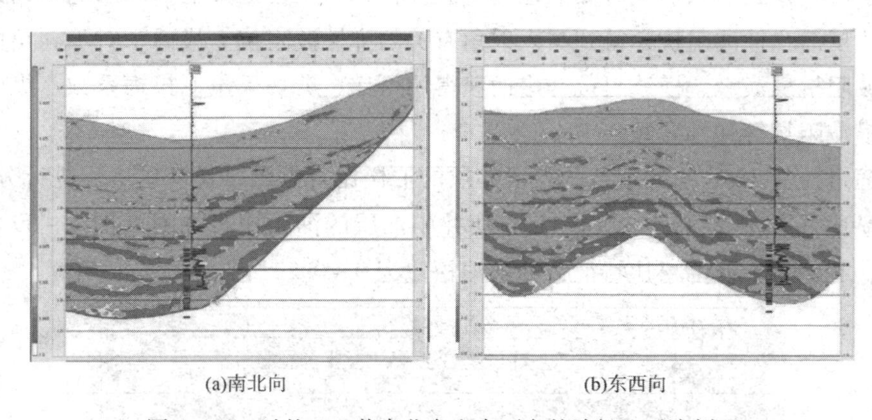

(a)南北向　　(b)东西向

图 4-40　过盐 222 井南北向和东西向的泊松比反演剖面

从图 4-41 可以看出，储层从南向北逐渐减薄，深度增加，储层横向变化较大，这些特征也与水槽模型实验和井钻探吻合。从反演的泊松比数据体上，提取低于 0.22 的厚度分布图（图 4-42），从该图可以看出，储层在构造的侧翼更为发育。

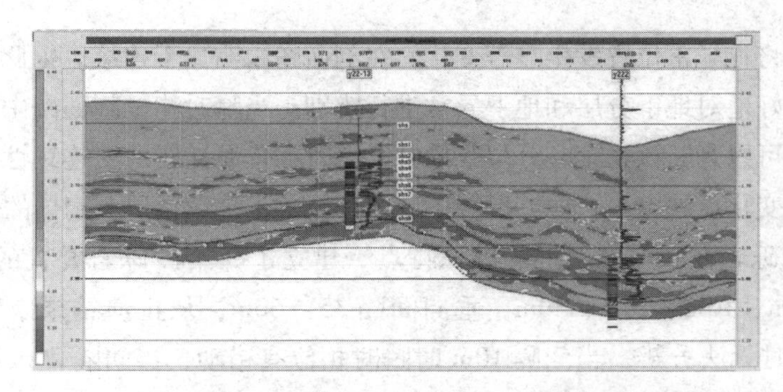

图 4-41　盐 22 区块过 y22-13 井～y222 井连井线泊松比反演剖面

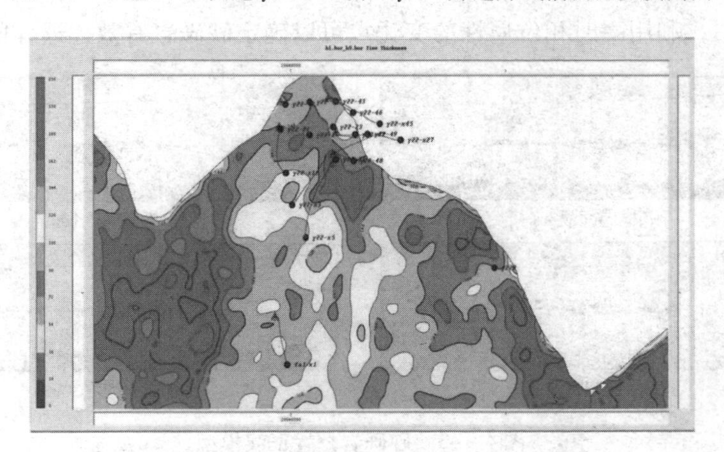

图 4-42　盐 22 区块泊松比提取储层厚度平面分布图

第六节　砂砾岩储层有效连通体描述

砂砾岩有效连通体是指从反演剖面及钻井资料中验证连通的砂体，且该砂体孔隙度大于 5%。

砂砾岩成因复杂，而且存在多期砂砾岩扇体不同沉积相带相互叠置的现象。在砂砾岩储层预测与描述中，任何单一的技术和手段在解决这类复杂储层时风险都很大。因此，必须综合多种技术手段，充分发挥各种技术的长处，优势互补，相互验证，从而克服地震信息的多解性。

一、瞬时相位属性确定有效连通体的边界

瞬时相位是地震剖面上同相轴连续性的量度，无论能量的强弱，它的相位都能显示出来，即使是弱振幅有效波，在瞬时相位图上也能很好地显示出来。当波在各向异性的均匀介质中传播时，其相位是连续的；当波在有异常存在的介质中传播

时，其相位将在异常位置发生显著变化，在剖面图中明显不连续。因此，利用瞬时相位能够较好地对地下分层和地下异常进行辨别。当瞬时相位剖面图中出现相位不连续时，就可以判断该处存在分层或异常。瞬时相位属性对地层连续性反映比较敏感，对岩性变化反映突出，能够反映出扇根部位的不连续性以及扇体的包络面。

根据砂砾岩在地震剖面上的沉积特点，建立了3个砂砾岩叠置的理论模型，横向间隔5m、10m、20m、30m，垂向间隔35～60m，从正演结果来看，横向间隔小于5m时无法分辨，当间隔10m时瞬时相位有错动，当间隔20m时，瞬时相位可以完全分开；垂向间隔大于35m时可以分开（图4－43、图4－44）。通过该模型说明，利用瞬时相位属性的变化点可以确定砂砾岩有效连通体的边界。

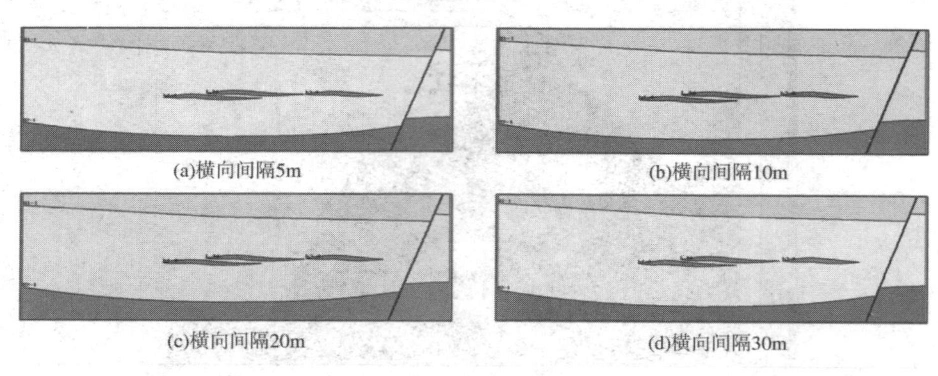

图4－43　砂砾岩叠置正演模型

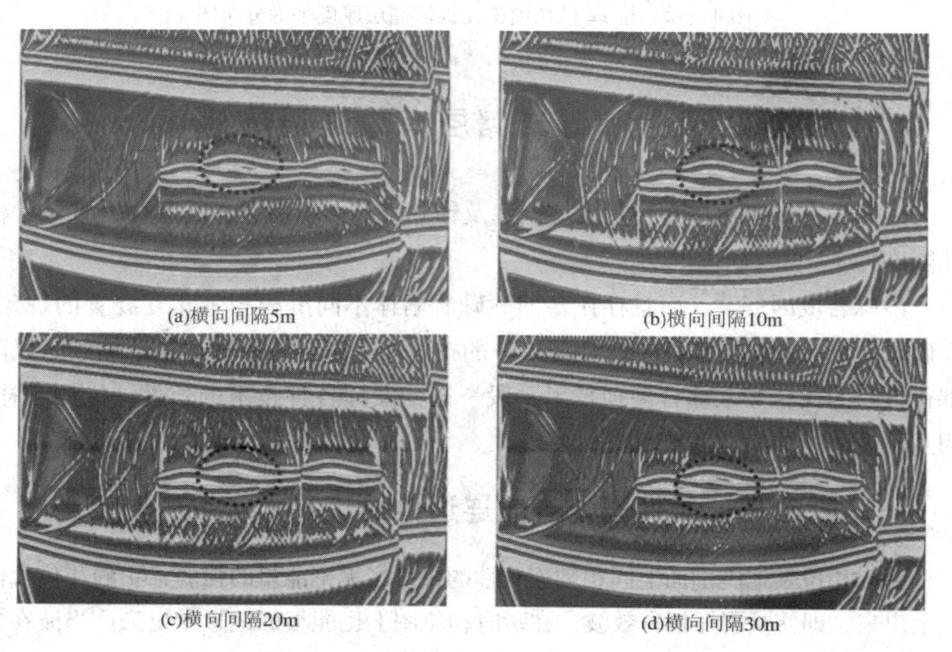

图4－44　砂砾岩叠置正演模型瞬时相位

二、砂砾岩有效连通体解释

在反演剖面储层解释中，首先根据盐 22 区块的阻抗曲线与岩性交汇图（图 4－45）进行储层识别标准分析，从图中可以看出，储层表现为高波阻抗值的特点，波阻抗值大于 9300mg/(cm^3·s)，与围岩的分异性较好，根据储层交汇分析，建立了砂砾岩储层识别标准。然后根据孔隙度与波阻抗的关系，把阻抗数据转换成孔隙度数据体，按照三维－岩性解释步骤进行主测线和联络测线的储层追踪、岩性解释。砂砾岩的沉积在一个期次内包含多个有效连通体，受水动力、地形等因素影响，有效连通体的厚度、范围差异较大。盐 22 区块砂砾岩体总体呈近南北向，从下到上砂体呈退积状沉积，以梁部为中心向两翼散开，符合室内水槽实验规律。在该块沙四段共描述了 41 个砂砾岩有效连通体（图 4－46、图 4－47）。

从反演岩性解释剖面（图 4－46）上可以看出，有效连通体呈不连接的朵叶状分布，与井上统计结果吻合很好，有效连通体在纵向上叠置，横向上变化快，有效连通体发育在平面上受地形影响，出现平面频繁摆动，使得背斜两翼砂体不连通，而且产状有差异，为不同储集体。

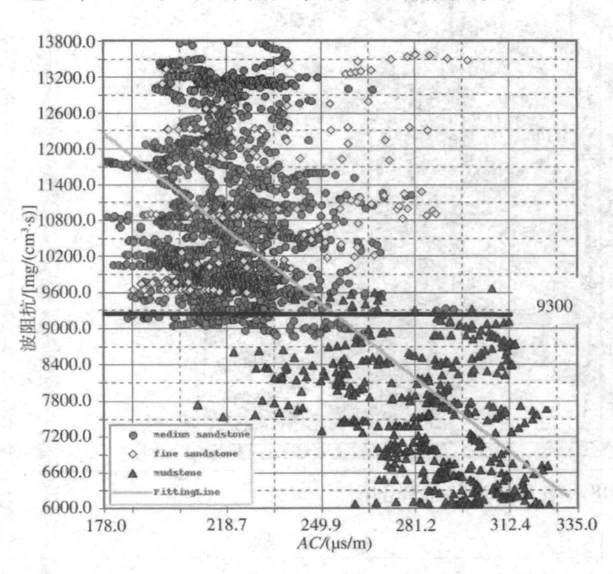

图 4－45　盐 22 区块沙四段上波阻抗与油气层交汇图［（门槛值为 9300 mg/（cm^3·s）］

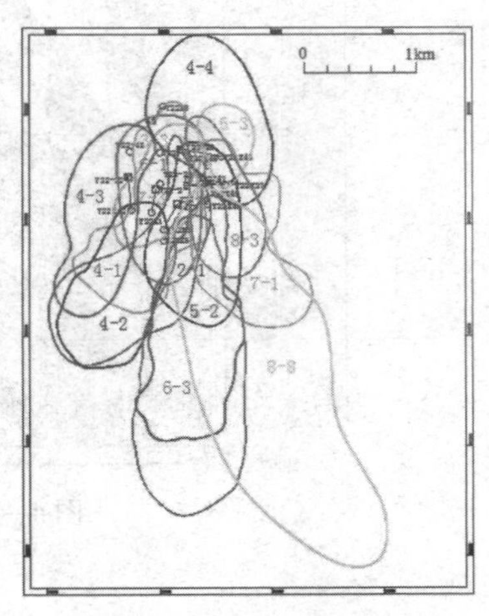

图 4－46　储量大于 50 万 t 砂体叠合边界

从盐 22－斜 12 井～盐 22－斜 48 井连井反演岩性解释剖面（图 4－47、图

4－48）上可以看出，预测的砂砾岩体与测井解释结果吻合较好，通过对盐22区块内完钻井的预测砂砾岩体与测井解释砂砾岩体吻合率统计，平均可达80%以上。同时注水试验井组也进一步验证了砂砾岩有效连通体解释的合理性。

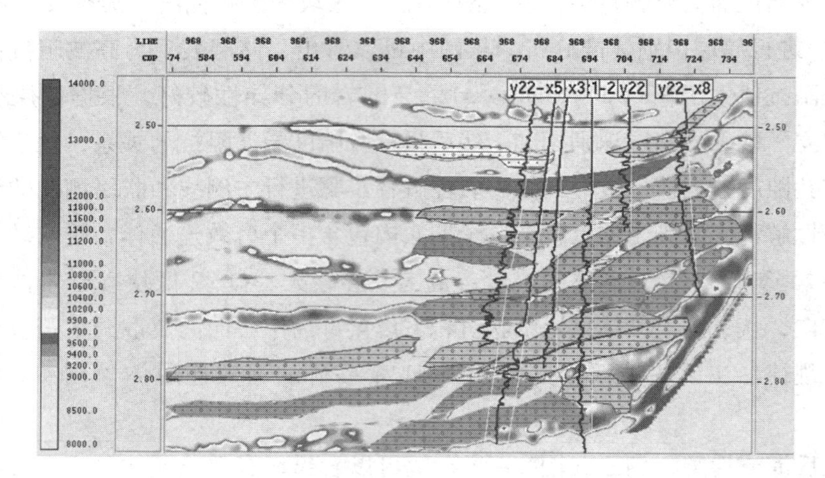

图4－47　东西向过井解释剖面

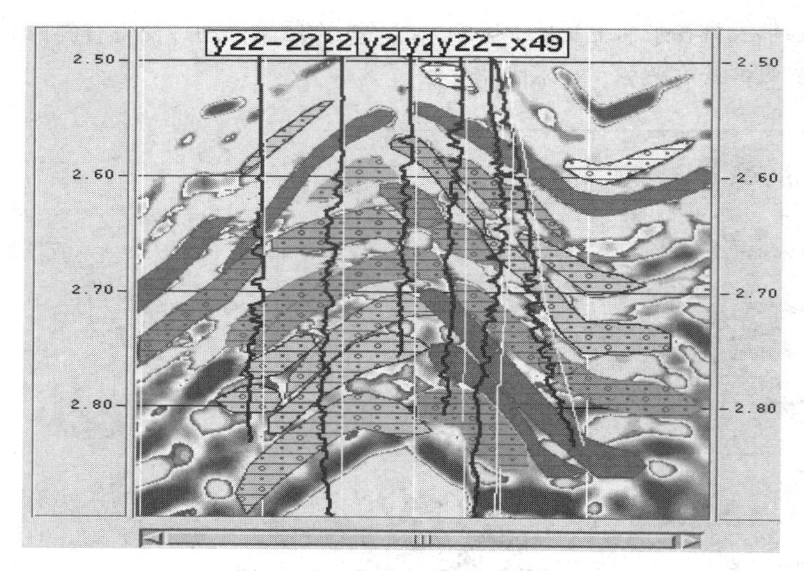

图4－48　南北向过井解释剖面

第五章 深层砂砾岩体有效储层识别

盐22区块深层砂砾岩体岩性复杂，多种岩性并存，不同岩性之间矿物成分有很大差别，使之测井响应特征变化大，用常规测井资料很难区分开来；同时，由于深层砂砾岩体储层具有低孔、特低渗、非均质性强等特点，影响了储层参数的评价精度。因此，在考虑岩性的基础上，同时兼顾物性和电性特征，采用测井相分析技术，形成了“岩心刻度测井、多测井曲线建岩石物理相模型、综合特征参数划分岩石物理相、分岩石物理相建储层参数解释模型”的储层分类评价技术，从而提高储层参数解释的精度，为深层砂砾岩体有效储层与非有效储层识别提供基础。

第一节 测井资料预处理

测井资料预处理是测井解释过程中的一个必不可少的基础工作，是保证测井解释与数据处理结果精度的重要前提，其内容包括测井曲线深度校正、岩心归位、数据标准化等。

一、深度校正与岩心归位

同一口井中，由于不同测井采集系列之间下井仪器重量不同及具有推靠器的情况不同，所以不同系列测井时的张力相差较大，这样各测井系列之间的深度会有误差，在个别遇卡的井段差别会更大。为了消除不同测井项目之间的深度误差，保证在同一深度的各条测井曲线的响应值来自同一深度地层，以分辨率较高的中、深感应电阻率曲线作为标准曲线，其他曲线与之匹配，可完成测井曲线之间的深度校正。

由于岩心深度为钻井深度，钻井深度与测井深度之间存在系统误差，因此，为保证岩心刻度测井的准确性，首先要将岩心深度校正到测井深度，即岩心归位。由于盐22区块的岩心分析资料缺少带测的GR曲线或者带测的DEN曲线，所以采用另一种方法，即在分析了三孔隙度曲线与岩心分析孔隙度的相关性的基础上，认为DEN曲线与岩心分析孔隙度相关性最好，所以我们以密度曲线为标准对岩心进行了归位。

将岩心实验室分析视孔隙度值以杆状图形式与测井密度曲线进行对比，通过分析杆状图值大小和密度测井曲线的变化趋势，上下移动找准最佳对应的深度位置，最后确定归位深度（图5－1）。可以看出，归位以后，岩心分析视孔隙度值与测井密度曲线有了更好的相关性。

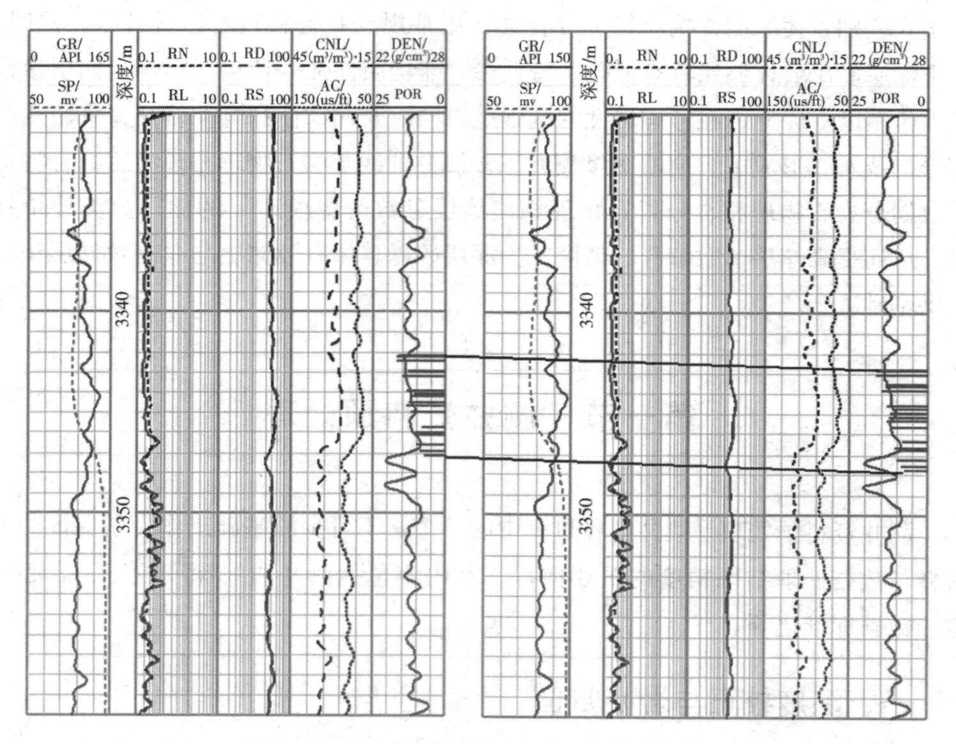

图5－1　岩心深度归位后与岩心深度归位前

二、测井曲线标准化

不同类型的仪器，在实际操作过程中，井下条件不同、操作员的不同、仪器刻度的不精确性等都有可能使相同性质地层的测井曲线产生系统偏差。在进行区域解释前，有必要对数据进行标准化处理，以便在更高的程度上克服与消除人为因素和仪器刻度的不精确性造成的影响。具体步骤为：

（1）首先，选择厚度大、岩性分布稳定和测井响应特征明显的层段作为标准层段。反复对比盐22区块14口井的测井曲线，选择某一段为标准层（图5－2）。

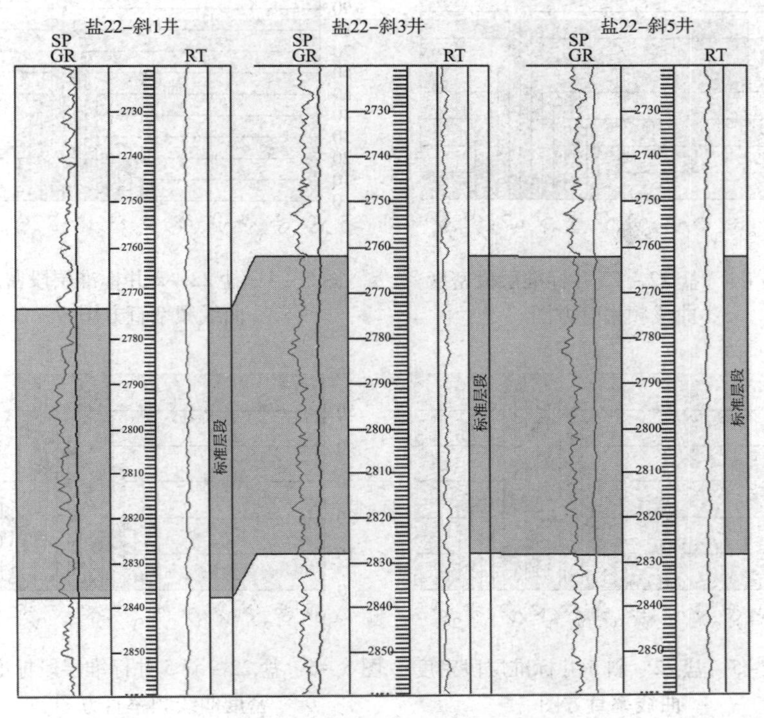

图5－2　盐22区块部分井标准层段

（2）绘制各井标准层段的测井曲线（盐22区块主要对密度测井曲线进行了标准化）值的频率直方图，由此了解各井的测井曲线数值分布范围与峰值，并同关键井的同一标准层（经岩心资料刻度）的相应图件作细致对比，若两者数值相同、形态相似，则表明该井的曲线刻度准确，若两者有明显差别，则说明该井的测井曲线有刻度误差。此时，各井标准层测井曲线特征值与关键井标准层特征值之差，即为该井测井曲线校正量。盐22区块选择盐22－22井作为关键井。

（3）对测井曲线标准化之后，要重新绘制标准层直方图以检查该井的效果。如果个别井的测井质量太差，则舍弃不用。

图5－3～图5－5是盐22－22井、盐22－2井及盐22－斜5井标准层段的密度频率分布直方图，从直方图可看出，盐22－22井、盐22－2井密度曲线分布区间基本一致，呈正态分布，峰值为2.46～2.48g/cm^3，说明曲线质量较好，不需要做曲线校正。而盐22－斜5井的密度曲线分布区间为2.4～2.44g/cm^3，需要进行调整，调整量为0.04 g/cm^3，调整后的图如图5－6所示，其分布曲线与

关键井的分布区间相似。

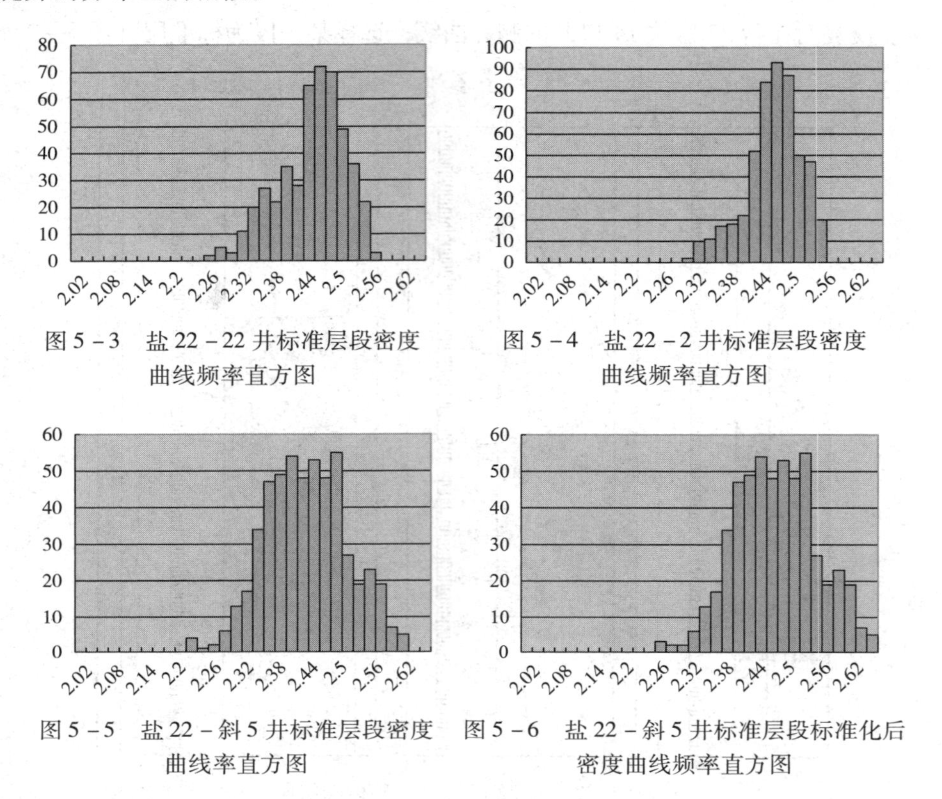

图 5－3　盐 22－22 井标准层段密度曲线频率直方图

图 5－4　盐 22－2 井标准层段密度曲线频率直方图

图 5－5　盐 22－斜 5 井标准层段密度曲线率直方图

图 5－6　盐 22－斜 5 井标准层段标准化后密度曲线频率直方图

第二节　四性关系研究

在岩－电实验分析及特殊测井资料分析研究的基础上，开展岩性、电性、物性、含油性的“四性关系”精细研究，为储层参数的精确计算做好充分的准备工作。

一、岩性特征

通过岩心观察，盐 22 区块岩性有泥岩、砂质泥岩、砾状砂岩、含砾砂岩、中细砂岩、泥质砂岩、砂质砾岩、砾岩等，主要岩性为泥岩、砂岩、含砾砂岩和砾状砂岩，其中，含砾砂岩、砾状砂岩分别占 30.7% 和 23.5%。

盐 22 区块储层为近物源的砂砾岩扇体沉积，碎屑岩、片麻岩物源，保留了部分母岩片麻岩的性质，矿物成分复杂，表 5－1 所示为盐 22 区块岩石矿物成分分析表，可以看出，该区多种矿物成分并存，泥质和灰质含量较高，胶结方式主要为泥质胶结、灰质胶结。

表 5－1　盐 22 区块岩石矿物成分分析表

期次号	样品块数	黏土矿物含量/%	石英含量/%	钾长石含量/%	斜长石含量/%	方解石含量/%	白云石含量/%
3	3	6	34	13	32	10	5
4	22	5	37	16	36	3	3
5	15	4	32	15	36	7	6
6	19	3	34	15	35	5	8
7	22	3	31	15	35	9	7
8	8	3	33	14	34	9	7
9	2	4	35	17	37	3	4
合计	91	4	34	15	35	6	6

二、物性特征

对于砂砾岩体储层来讲，岩石成分结构的复杂性导致储层的孔隙结构复杂，孔喉半径值大小不均，物性非均质严重，储层流体分布及渗流能力差别较大。图 5－7 为岩心分析孔隙度直方图，孔隙度数值分布呈较明显的正态分布，但分布范围较广，数值为 2% ~ 18%，平均值为 8.6%，孔隙度较小。图 5－8 为岩心分析渗透率直方图，渗透率分布为 0.1×10^{-3} ~ $300\times10^{-3}\mu m^2$，主要分布区间为 1×10^{-3} ~ $3\times10^{-3}\mu m^2$，数值分布区间较宽，反映储层层内及层间存在较强的非均质性。图 5－9为渗透率分布图，由图可知，小于 $5\times10^{-3}\mu m^2$ 的渗透率占 76.6%，渗透率较低并且非均质性强。

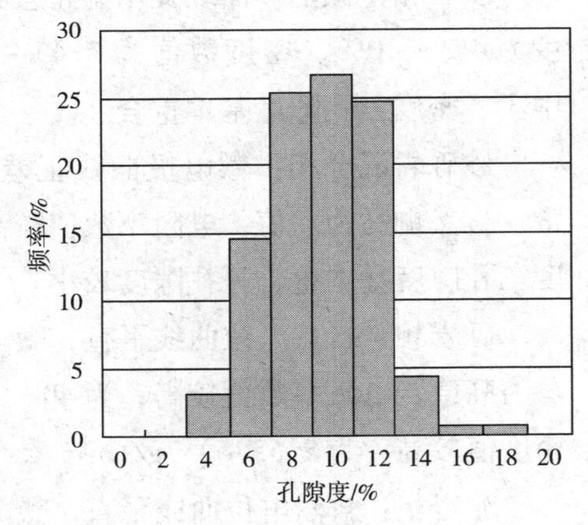

图 5－7　岩心分析孔隙度直方图

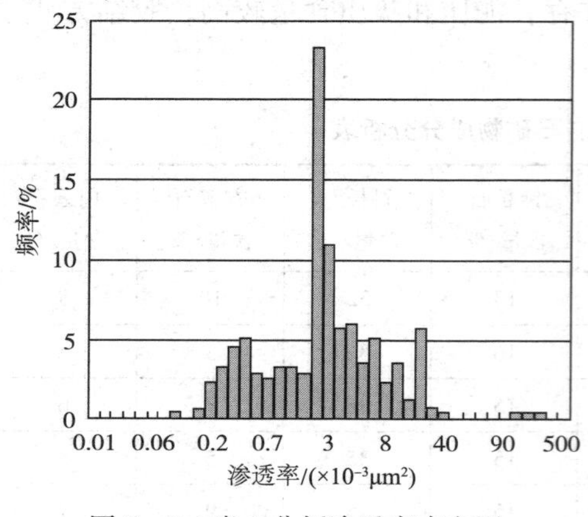

图 5-8　岩心分析渗透率直方图

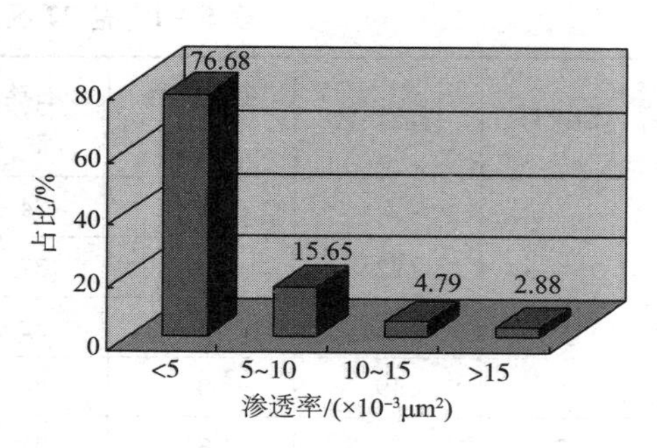

图 5-9　渗透率分布百分比图

三、电性特征

储层的岩性、流体性质与电性密切相关。对于高能环境下沉积的砂砾岩体储层，其岩石成分成熟度低、分选差、岩石颗粒粗，其沉积特征直接影响储层的电性。

但对于深层砂砾岩体储层来讲，各种岩相的测井曲线响应特征为：

砂岩相：微电极曲线显示为正差异，自然电位曲线显示为负异常，中子孔隙度为4%～10%，密度数值为2.45～2.55g/cm^3，自然伽马为高值，声波时差、中子、密度三孔隙度基本重合。

砂砾岩混合相：微电极曲线正差异，呈锯齿状，自然电位曲线显示为负异常，自然伽马为高值，电阻率数值较高，为20～40Ω·m，声波时差、中子、密度三孔隙度基本重合且孔隙度较小。

砾岩相：自然电位曲线平直，微电极曲线呈强锯齿状，且数值较高，自然伽马为高值，电阻率数值较高，为40～120Ω·m，声波时差、中子测井数值较小，密度值较高，为2.55～2.7g/cm^3。

泥岩相：自然电位曲线平直，微电极曲线无差异，自然伽马为中高值，电阻率数值较低，一般为2～12Ω·m，声波时差、中子、密度三孔隙度分开。

从以上数据来看，4种岩相对应的测井曲线的响应特征只是一个范围，而非确定值。在岩电对应关系上则表现为4种岩相在常规测井曲线上混杂在一起，岩电关系对应性差，用常规测井曲线不易区分4种岩相（图5-10～图5-12）。如果用常规测井曲线对砂砾岩体进行期次划分，则只能考虑其大的旋回性，而无法进行准确的岩性识别。

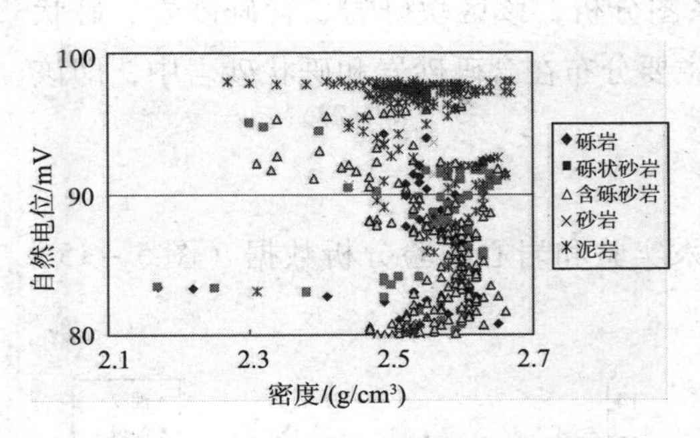

图 5－10　盐 22－22 井不同岩性自然电位与密度测井关系图

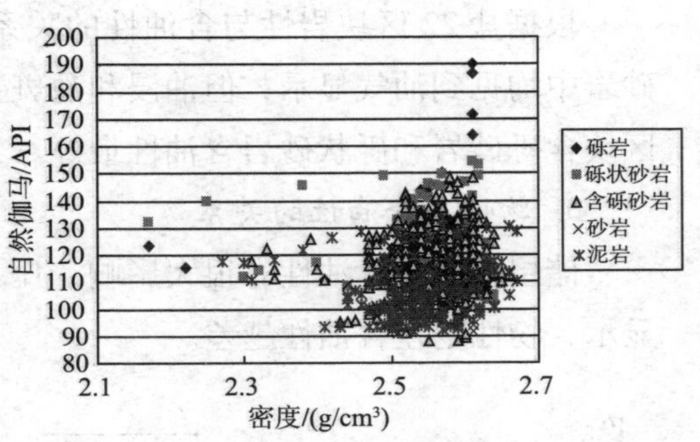

图 5－11　盐 22－22 井不同岩性自然伽马与密度测井关系图

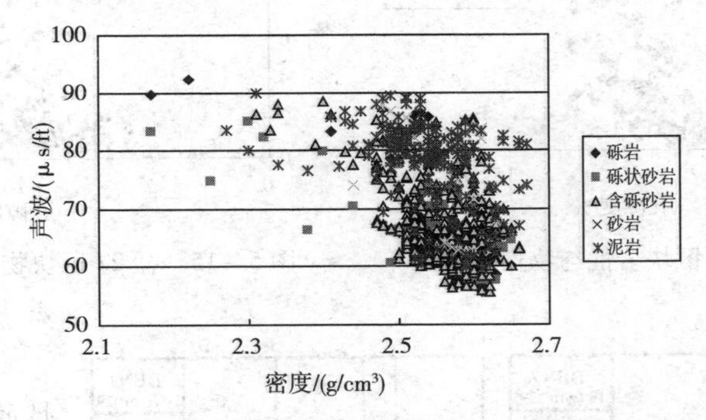

图 5－12　盐 22－22 井不同岩性声波测井与密度测井关系图

四、含油性特征

盐 22 区块沙四段的油质较好，原油密度为 0.83～0.88 g/cm^3，黏度为 3.07～19.4 mPa·s。沙四段钻井取心含油级别较低，含油分布不均，根据试油资料，油层的取心含油级别下限为油迹级别（图 5－13）。

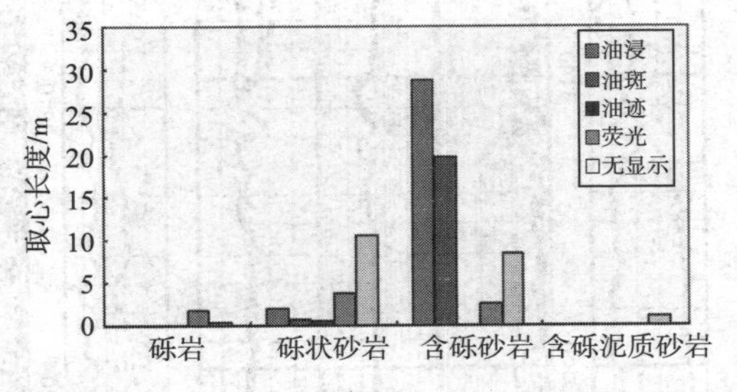

图 5－13　盐 22 区块岩性与含油性的关系图

五、四性关系分析

1. 岩性与物性的关系

岩性对物性、含油性、电性都有较大影响。由图 5－14 可知，盐 22 区块含砾砂岩和砾状砂岩的孔隙性和渗透性较好。

2. 岩性与含油性的关系

根据盐 22 区块岩性与含油性的关系图分析，该区块砾岩、含砾砂岩、砾状砂岩中均见到油气显示，但油浸和油斑主要分布在含砾砂岩和砾状砂岩中，即该区块含砾砂岩和砾状砂岩含油性最好。

3. 物性与含油性的关系

储层物性对含油性有很大影响，压汞实验和岩心实验分析数据（图 5－15）显示，物性越差含油性越差。

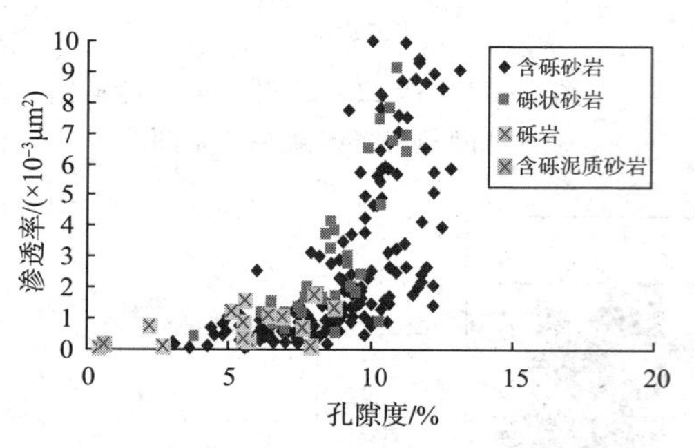

图 5－14　盐 22 区块岩性与物性关系图

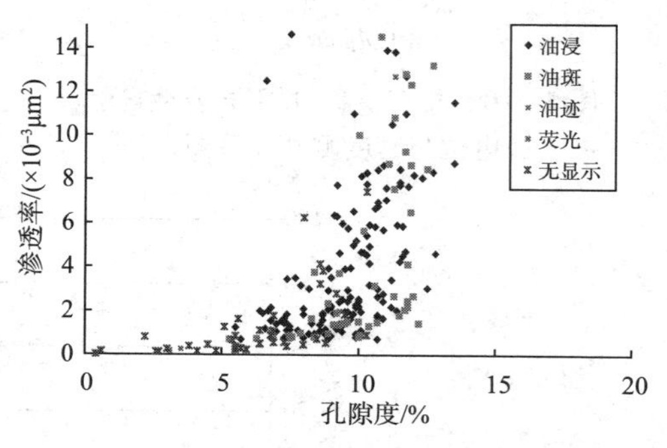

图 5－15　盐 22 区块物性与含油性关系图

4. 电性与含油性的关系

图 5－16 为盐 22 井的两个井段，其中图 5－16（a）4141.1～3158.5m 测试结果为水层，图 5－16（b）4212～3223m 测试结果为油层，两个井段对比，电阻率并无明显区别。

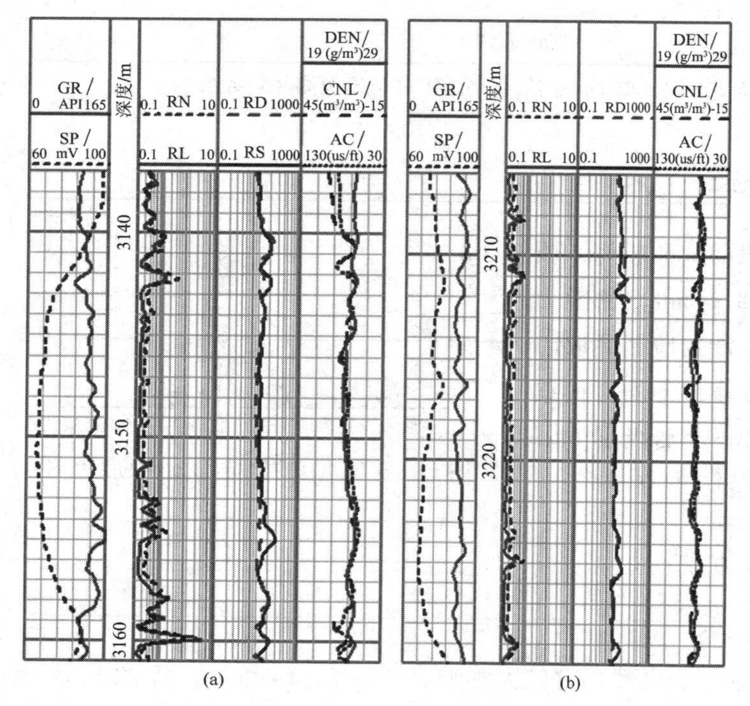

图 5－16　盐 22 区块电性与含油性的关系图

第三节　深层砂砾岩体储层分类评价方法

测井解释建模的传统做法是分区、分层建立模型，其前提是假设同一区块同一层段的储层是均质的或其非均质性可以用线性关系进行描述的。深层砂砾岩体储层主要岩性为含砾砂岩和砾状砂岩，用常规测井资料很难区分。同时，其具有低孔、特低渗、岩石成分复杂、非均质性强等特点，影响了储层参数的评价精度，难以用一个统一的解释模型对储层进行表征。因此，通过储层分类建立测井解释模型是解决非均质、非线性问题的有效途径。

在考虑岩性的基础上，同时兼顾物性和电性特征，采用测井相分析技术进行岩石物理相的划分，针对不同的岩石物理相建立储层参数解释模型，可提高储层参数解释的精度。

一、各类岩石物理相的响应特征

通过岩心刻度测井，建立各类岩石物理相的响应特征。砂砾岩储层的岩性、孔隙结构复杂，难以选取准确的骨架数值来计算孔隙度、渗透率等参数，所以，有必要在纵向上对储层进行细分类，最大限度地消除储层非均质的影响。测井相分析方法可以根据测井响应实现自动分类，它把整个储层划分为几类岩石物理相，而每类岩石物理相具有相似的岩石学特征，孔－渗关系呈现出规律性变化，表现出相似的岩电关系和测井响应特征。在划分好岩石物理相的基础上再进行储层参数建模，可以有效弱化储层的非均质性对骨架值的影响。

选取盐 22 区块内有代表性、各类资料齐全的井作为关键井，对关键井进行测井响应特征分析。利用岩心资料刻度成像、核磁共振等分辨率较高的测井信息，再用成像、核磁资料标定常规测井资料，分析不同类型的储层在常规测井信息上的响应特征，建立各类岩石物理相的测井信息识别模式。

盐 22 区块储层的主要岩性为含砾砂岩和砾状砂岩，这两类岩性在测井曲线上的响应特征极为相似，很难区分开。所以可以在考虑岩性的基础上，考虑储层的物性和电性，经过反复探索最终确定划分为 4 类岩石物理相，每类岩石物理相对应一种储层类型。这 4 类岩石物理相的特征如下：

岩石物理相 1：自然电位负异常；孔隙度为 5%～16%，渗透率为 $0.4\times10^{-3}\sim20\times10^{-3}\mu m^2$；核磁共振测井表明含有较多的可动流体；岩性主要为砂岩、含砾砂岩（图5－17）。

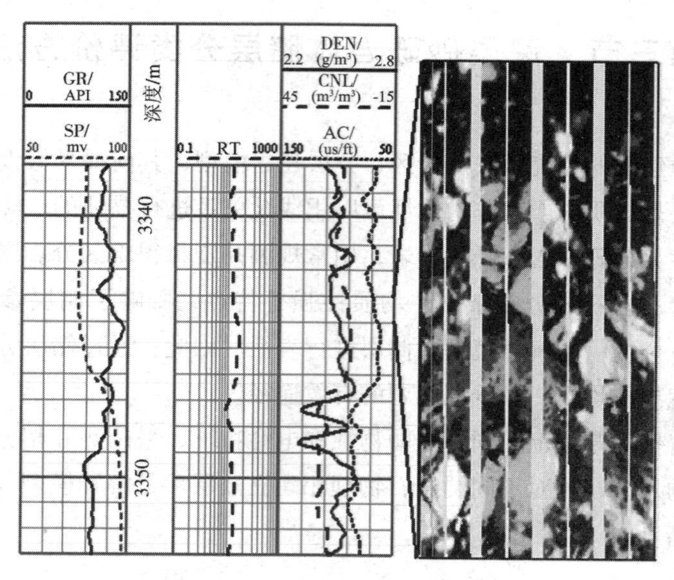

图5－17　岩石物理相1测井响应特征

岩石物理相2：自然电位负异常；孔隙度为3%～13%，渗透率为0.14×10^{-3}～10×10^{-3}μm^2；岩性主要为含砾砂岩、砾状砂岩（图5－18）。

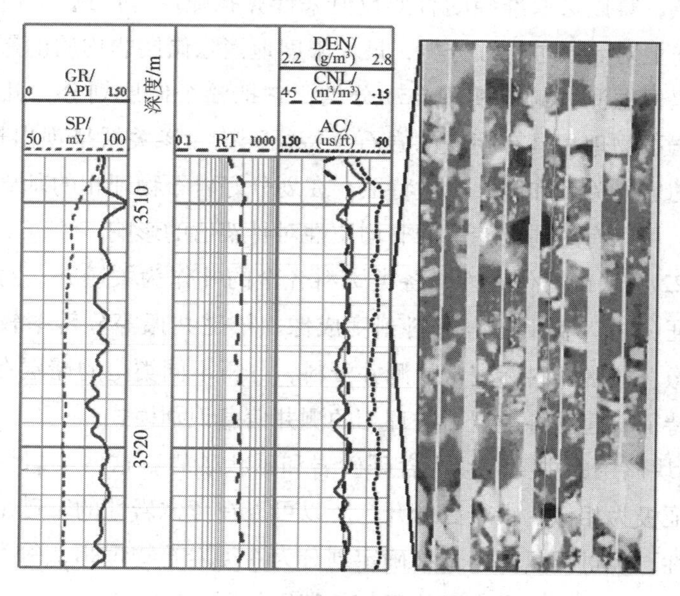

图5－18　岩石物理相2测井响应特征

岩石物理相3：孔隙度小于6%；渗透率小于0.78×10^{-3}μm^2；岩性主要为

砾岩、砾状砂岩（图 5－19）。

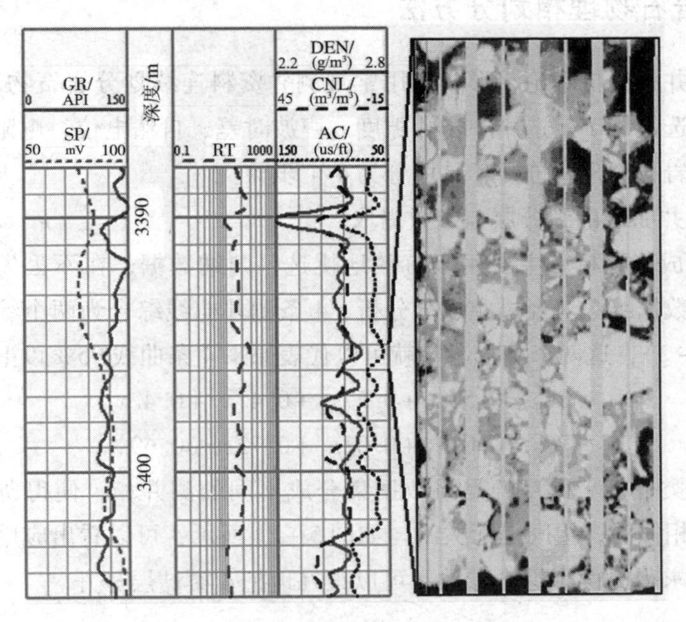

图 5－19　岩石物理相 3 测井响应特征

岩石物理相 4：自然电位接近泥岩基线，中子孔隙度远远大于密度孔隙度，核磁共振测井表明含有较多的束缚水；岩性主要为泥岩、粉砂质泥岩、泥质粉砂岩等（图 5－20）。

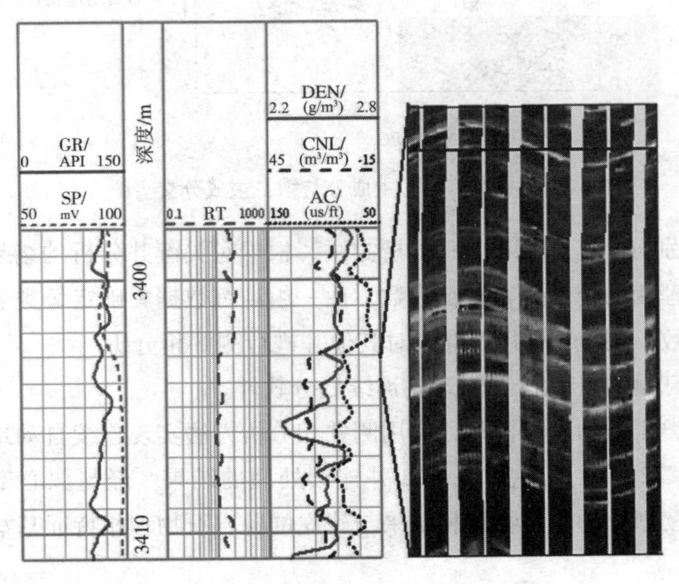

图 5－20　岩石物理相 4 测井响应特征

二、岩石物理相划分方法

引入测井相分析理论，形成利用常规测井资料连续划分岩石物理相的方法。经过反复筛选最终确定选用中子孔隙度、声波时差、自然电位、电阻率这 4 条曲线把这 4 类岩石物理相分开，具体分为 4 个步骤：

（1）测井曲线的细分层与参数提取。

（2）主成分分析。主要用于有效地挑选、归纳数据，在不丢失主要信息的情况下减少数据维数。经过主成分分析，4 条测井曲线综合为两个综合参数（式 5－1、式 5－2），这两个综合参数就可以代表原来 4 条曲线 95% 以上的信息：

$$PC_1 = 0.57x_1 + 0.57x_2 + 0.41x_3 + 0.42x_4 \quad (5-1)$$

$$PC_2 = 0.01x_1 + 0.01x_2 + 0.72x_3 + 0.69x_4 \quad (5-2)$$

（3）聚类分析。其目的是将数据集分成不同的测井相，使得所划分的测井相在组内是相似的，组间是无关的。如图 5－21 所示，可以看出应用式（5－1）、式（5－2）求得的两个综合参数，可以很好地把 4 类储层分开。

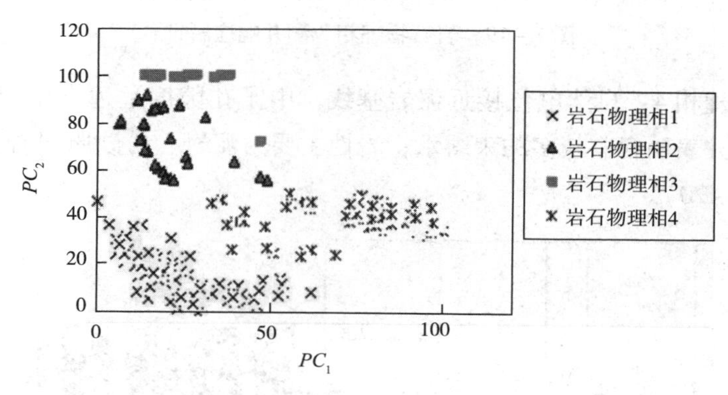

图 5－21　第一主成分与第二主成分交会图

（4）判别分析。采用 Bayes 分析方法，根据对关键井分析的结果，提取表征每类岩石物理相的统计分布特征参数，由一组训练数据集确定每类岩石物理相的概率密度函数，用 Bayes 判别准则对其他井进行测井相分析。

（5）基于测井相的岩石物理相连续划分软件。

根据各类岩石物理相模型，利用测井相分析方法实现连续自动地划分岩石物理相。图 5－22 所示为对盐 22－22 井连续处理的结果。经与取心剖面及测井曲线对比，连续划分的岩石物理相结果与建立的各岩石物理相特征基本相符合。

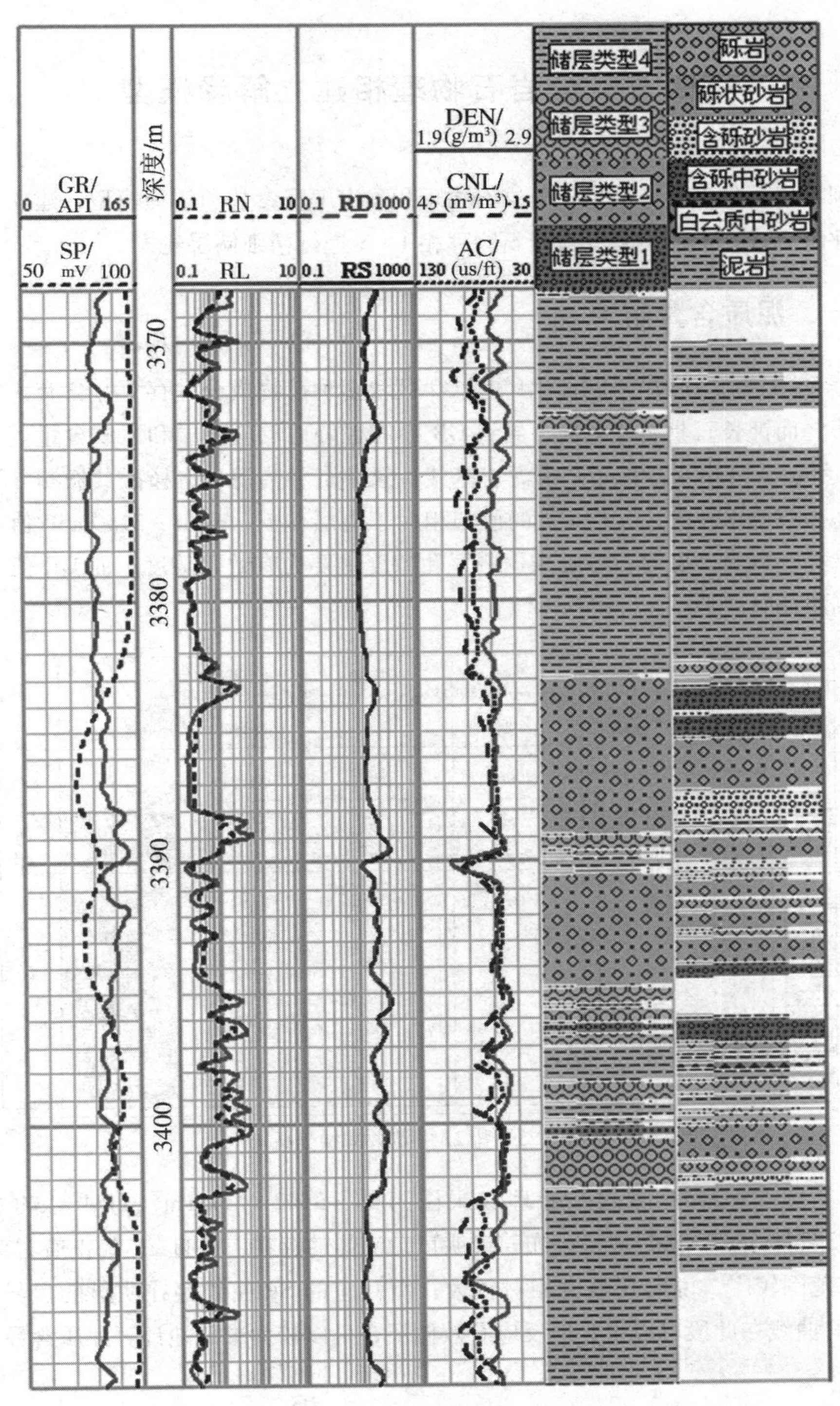

图 5-22　盐 22-22 井岩石物理相连续划分结果图

第四节　分岩石物理相建立解释模型

利用岩石物理划分结果，分岩石物理相确定解释参数和解释模型，建立多模式的评价方式。本节主要针对岩石物理相 1 ~3 进行精细储层建模。

一、泥质含量解释

表 5 -1 为矿物成分分析，可知盐 22 区块多种矿物成分并存，并含有大量的钾长石，而钾长石具有放射性，导致 GR 不能很好地反应储层和泥质含量。如图 5 -23 所示，3130 ~3140mSP 为泥岩基线，录井资料为泥岩，核磁共振测井孔隙度主要为束缚水孔隙度，但 GR 的值却相对于临层偏低；3140 ~3150mSP 值负异常，录井资料为砂砾岩，核磁共振测井孔隙度主要为有效孔隙度，而 GR 值却相对于临层偏高。

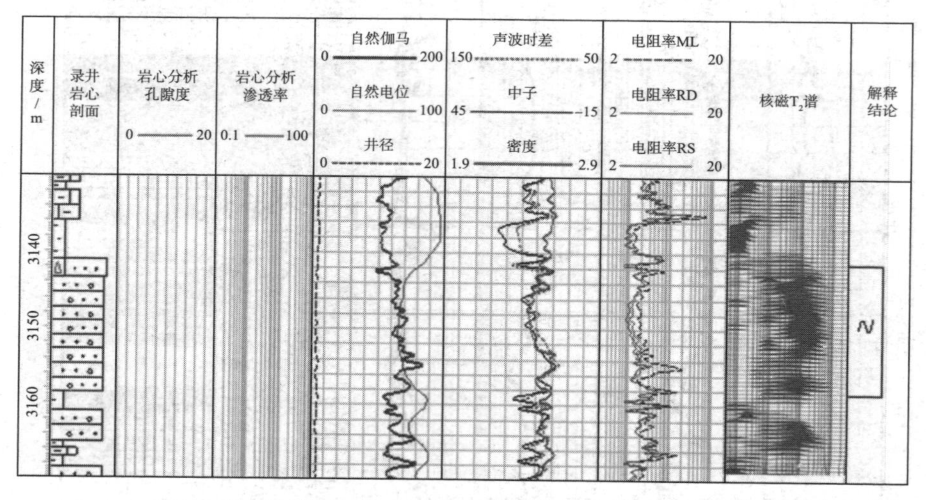

图 5 -23　盐 22 井测井曲线分析

分析图 5 -24 核磁共振处理成果图可知，3442 ~3451m、3454 ~3466m、3472 ~3474m 的 T2 谱呈双峰分布，说明可动流体的存在，并且 T2 截止值右部的谱分布范围较广，说明孔隙度相对较大，而对应的 SP 曲线存在明显的负异常，可知 SP 曲线在此段可以很好地反应有效储层，可以较为准确地计算泥质含量。

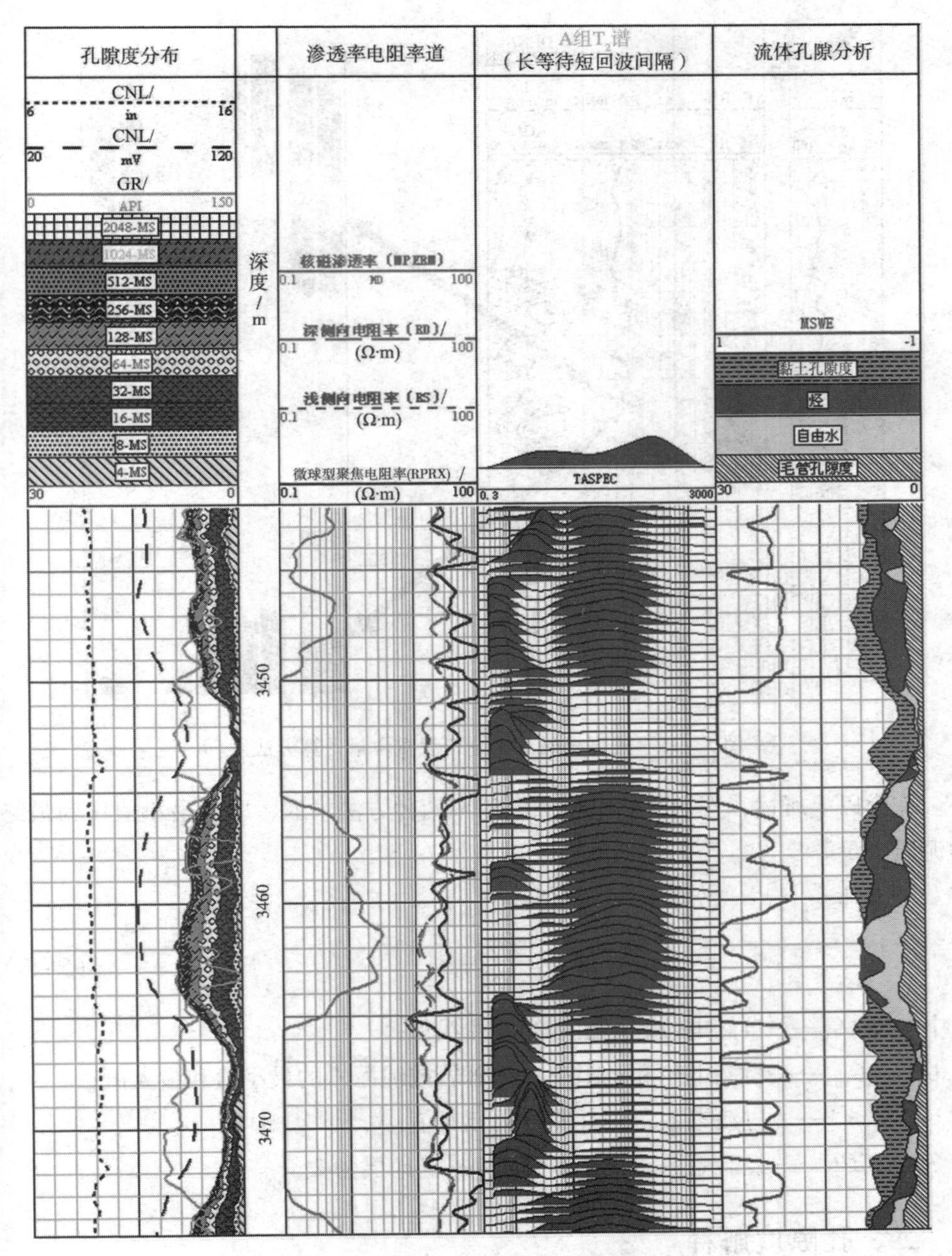

图 5-24　根据核磁共振分析泥质含量计算方法图

分析图 5-25 成像测井成果图可知，致密层 SP 曲线为泥岩基线，SP 不能反应泥质含量，分析发现，RT 曲线与成像测井有较好的对应关系，所以这时可以选用 RT 曲线代替 SP 求取泥质含量。

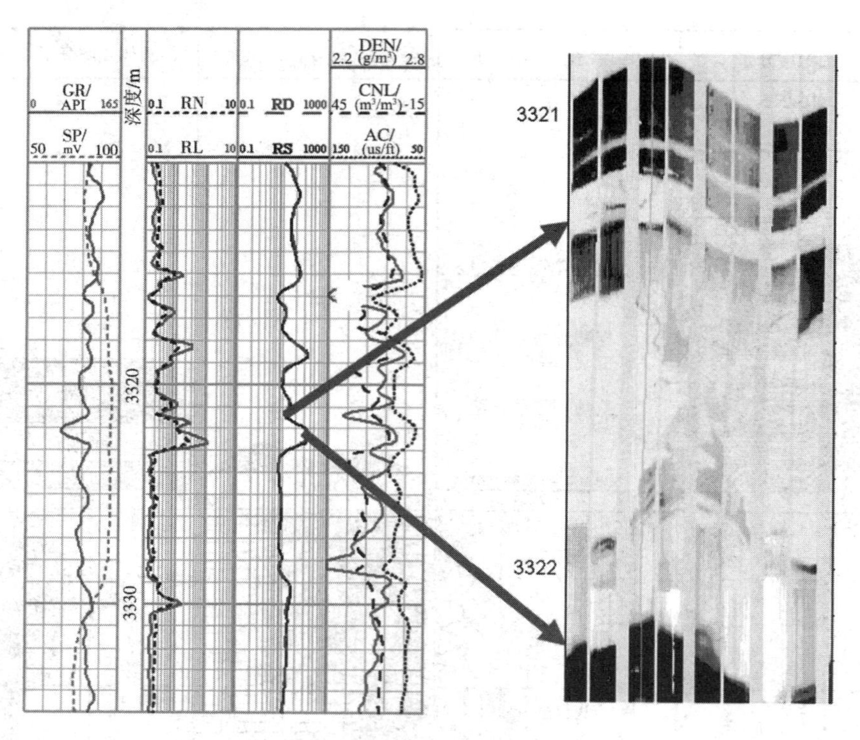

图 5－25　根据核磁共振分析泥质含量计算方法图

综合以上所述，选用自然电位和电阻率两种方法求取，取其最小值作为最终的泥质含量。

$$SH_i = (SHLG_i - G_{\min_i}) / (G_{\max} G_{\min_i})$$

$$V_{shi} = \frac{2^{GCUR \cdot SH} - 1}{2^{GCUR} - 1} \tag{5-3}$$

式中　$SHLG_i$——自然电位和电阻率测井曲线值；

G_{max}，G_{min}——自然电位和电阻率在纯砾岩或纯泥岩的最小值和最大值；

S——过渡参数，测井曲线的相对值；

$GCUR$——经验系数，第三系为3.7，老地层为2。

二、孔隙度解释

首先对取心资料进行归位，然后分析三孔隙度测井与岩心分析孔隙度的相关性，发现岩石物理相1～3的密度与岩心分析孔隙度的相关性最好。对岩石物理相1～3分别建立孔隙度与密度测井数值之间的统计关系，确定密度测井信息计算孔隙度的公式如下所述。

岩石物理相1（图5－26）：

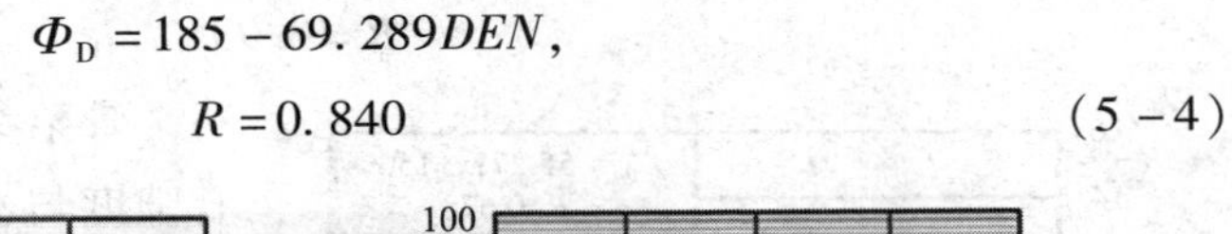

$$\Phi_{\mathrm{D}}=185-69.289DEN,$$
$$R=0.840 \quad (5-4)$$

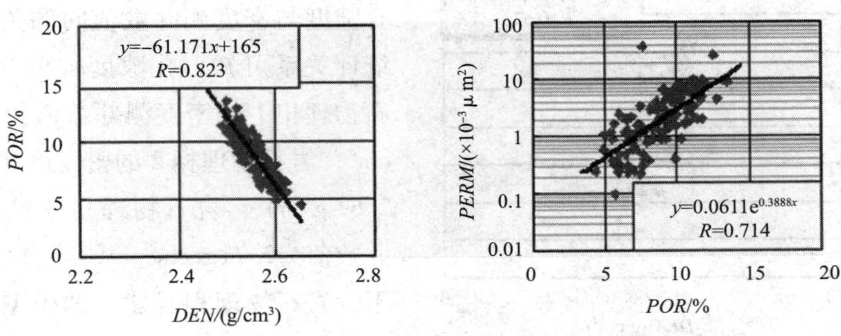

图5－26　岩石物理相1孔隙度、渗透率回归公式

岩石物理相2（图5－27）：

$$\Phi_{\mathrm{D}}=165-61.171\times DEN,$$
$$R=0.823 \quad (5-5)$$

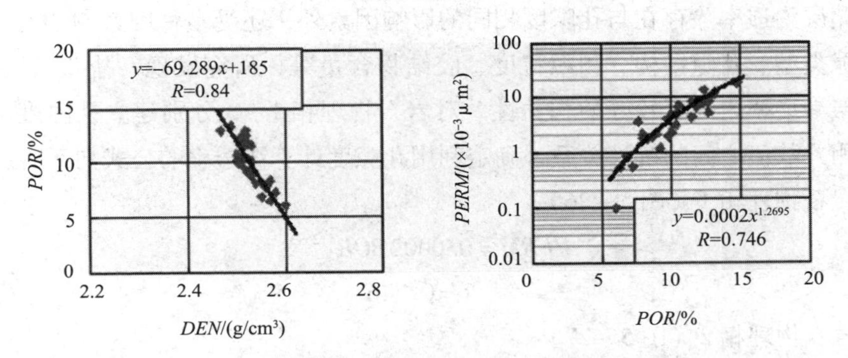

图5－27　岩石物理相2孔隙度、渗透率回归公式

岩石物理相3（图5－28）：

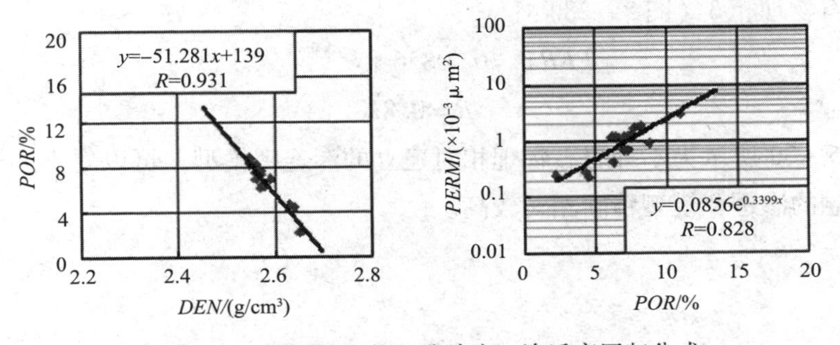

图5－28　岩石物理相3孔隙度、渗透率回归公式

$$\Phi_D = 139 - 51.281 \times DEN,$$
$$R = 0.931 \tag{5-6}$$

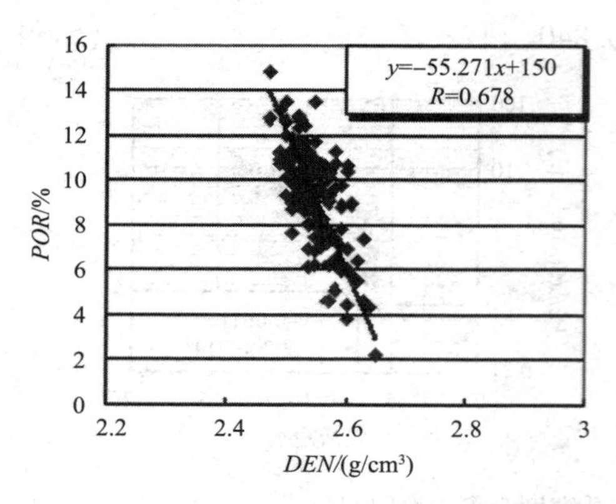

图 5－29　不分岩石物理相建立的孔隙度模型

骨架参数 D_g 的确定方法为：建立孔隙度与密度测井数值间的关系，由统计关系可知，孔隙度数值为 0，岩石物理相 1 的密度测井数值为 2.69g/cm³，岩石物理相 2 的密度测井数值为 2.67 g/cm³，岩石物理相 3 的密度测井数值为2.71g/cm³。图 5－29 所示为不分岩石物理相时建立的模型，可以看出，分岩石物理相建立的孔隙度模型精度有了明显的提高。

三、渗透率解释

储层渗透率除存在与孔隙度相同的影响因素外，还受多种因素制约，如岩石的孔隙类型、孔隙结构、颗粒粒度、胶结物含量等，研究发现，盐 22 区块的孔隙度与渗透率之间有较好的相关性。对岩石物理相 1～3 分别建立孔隙度与渗透率的测井数值之间的统计关系，确定利用孔隙度计算渗透率的公式如下所述。

岩石物理相 1（图 5－26）：

$$PERM = 0.0002 POR^{4.2693},$$
$$R = 0.746 \tag{5-7}$$

岩石物理相 2（图 5－27）：

$$PERM = 0.0611 * e^{0.3888 * POR},$$
$$R = 0.714 \tag{5-8}$$

岩石物理相 3（图 5－28）：

$$PERM = 0.0856 * e^{0.3399 * POR},$$
$$R = 0.828 \tag{5-9}$$

图 5－30 所示为不分岩石物理相时建立的渗透率模型，可以看出，分岩石物理相建立的渗透率模型精度相对较高。

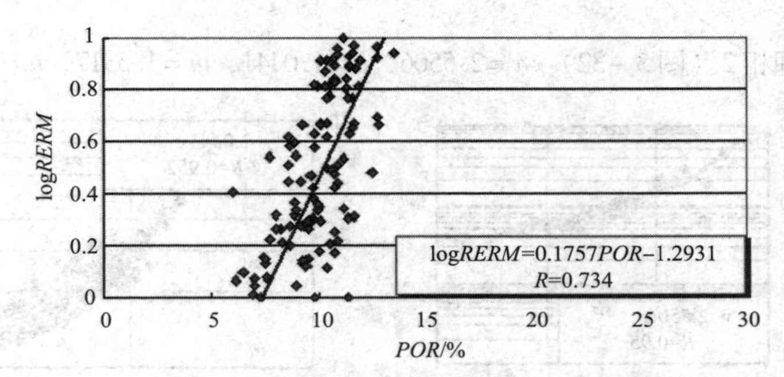

图 5－30 不分岩石物理相建立的渗透率模型

四、含水饱和度解释

选用阿尔奇公式计算含水饱和度，式中：

$$S_{\mathrm{w}} = \sqrt[n]{\frac{abR_{\mathrm{w}}}{\phi^{m}R_{\mathrm{t}}}} \tag{5-10}$$

式中 a——与岩石有关的比列系数；

b——系数；

m——岩石的胶结指数；

n——饱和度指数；

R_{w}——地层水电阻率，Ω·m；

R_{t}——含油气纯岩石电阻率，Ω·m。

要准确计算含水饱和度，首先须进行岩电实验分析，确定与岩性和孔隙结构有关的岩石胶结指数、饱和度指数和系数；另外，根据试油、测试及测井资料确定地层水电阻率参数及其变化规律。

1. a、b、m、n 参数的确定

对岩石物理相 1～3 分别建立地层因素与孔隙度、含水饱和度与电阻增大系数 I 之间的关系：

岩石物理相 1（图 5－31）：$a=2.8288$，$b=1.0024$，$m=1.2886$，$n=1.7636$；

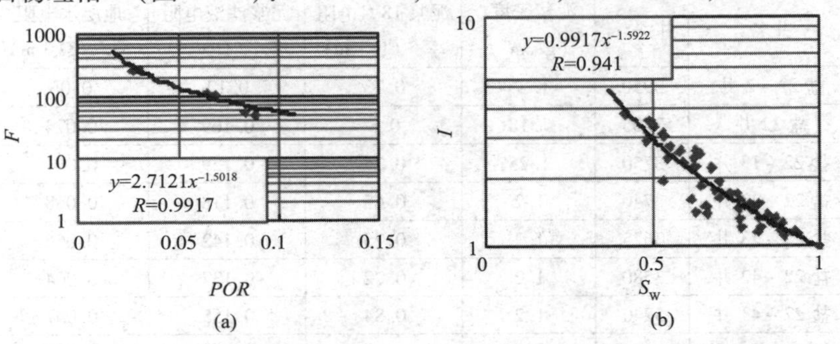

图 5－31 孔隙度与地层因素关系（a）及含水饱和度与电阻率增大系数关系（b）图

岩石物理相2（图5－32）：$a=2.5506$，$b=1.0441$，$m=1.3317$，$n=1.5114$；

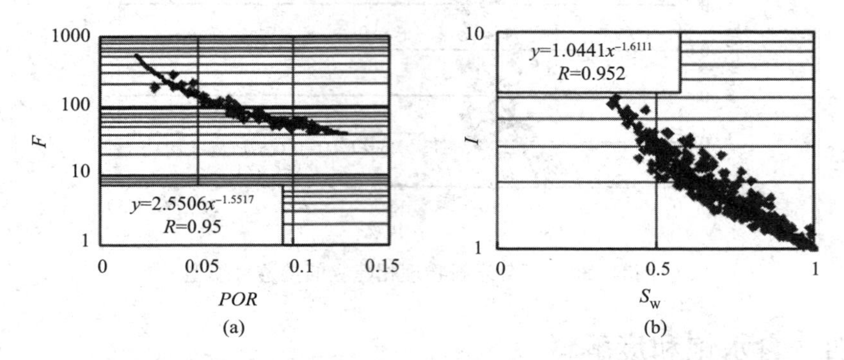

图5－32　孔隙度与地层因素关系（a）及含水饱和度与电阻率增大系数关系（b）图

岩石物理相3（图5－33）：$a=2.7121$，$b=0.9917$，$m=1.3018$，$n=1.5922$。

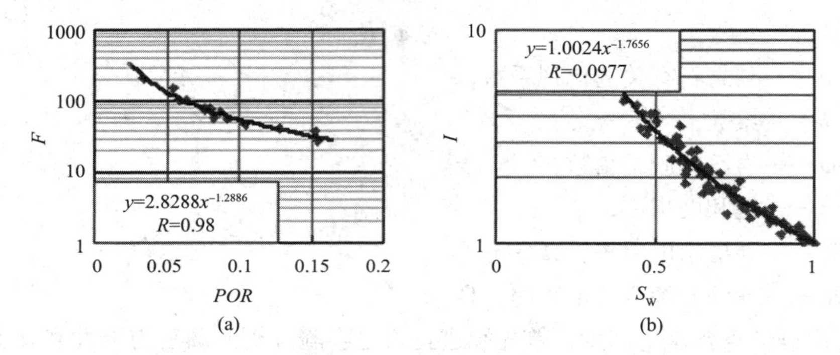

图5－33　孔隙度与地层因素关系（a）及含水饱和度与电阻率增大系数关系（b）图

2. 地层水电阻率的确定

采用自然电位计算，确定盐22区块的地层水电阻率为0.053～0.171Ω·m（表5－2）。

表5－2　盐22区块各井地层水电阻率

序号	井名	井深/m	泥浆密度/（g/cm³）	泥浆18℃电阻率/（Ω·m）	泥浆滤液电阻率/（Ω·m）	地层水电阻率/（Ω·m）	井底温度/°C
1	盐22－2井	3950	1.25	0.73	0.12	0.06	136
2	盐22井	3305	1.18	0.8	0.169	0.074	115
3	盐22－13井	3750	1.25	0.75	0.129	0.061	130
4	盐22－22井	3740	1.2	0.65	0.118	0.058	130
5	盐22－23井	3625	1.2	0.75	0.142	0.066	126
6	盐22－42井	3580	1.2	0.72	0.137	0.064	125
7	盐22－43井	3740	1.2	0.84	0.155	0.067	130
8	盐22－斜1井	3650	1.2	1.89	0.377	0.171	127.2

续表

序号	井名	井深/m	泥浆密度/(g/cm³)	泥浆18℃电阻率/(Ω·m)	泥浆滤液电阻率/(Ω·m)	地层水电阻率/(Ω·m)	井底温度/°C
9	盐22-斜3井	3950	1.35	0.91	0.135	0.058	136
10	盐22-斜5井	4223	1.22	0.92	0.151	0.065	144.45
11	盐22-斜8井	3505	1.20	0.76	0.147	0.065	122.82
12	盐22-斜12井	3780	1.25	0.7	0.121	0.056	128.7
13	盐22-斜45井	3703	1.25	0.51	0.088	0.053	125.46

第五节 储层参数解释精度分析

应用第四节所述的模型对盐22区块的18口井的储层参数进行了处理解释，由图5-34、图5-35可以看出，岩心分析孔隙度、渗透率与测井解释孔隙度、渗透率有较好的对应关系，分岩石物理相建立的储层参数测井解释精度有了明显的提高，图5-36所示为盐22-22井测井成果示例。

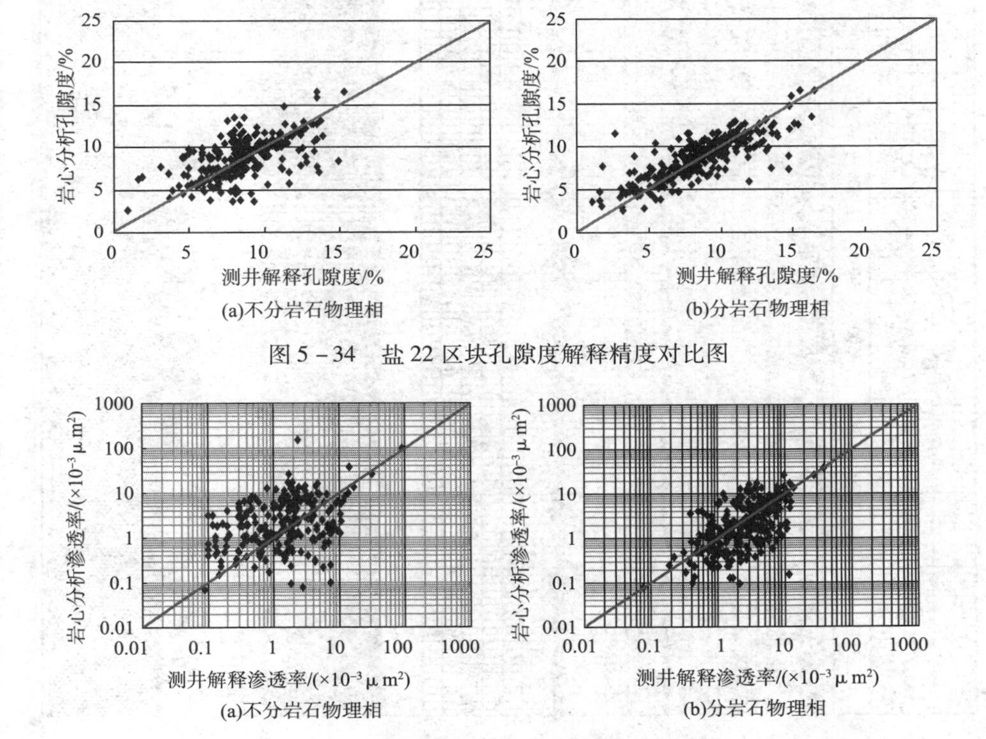

图5-34 盐22区块孔隙度解释精度对比图

图5-35 盐22区块渗透率解释精度对比图

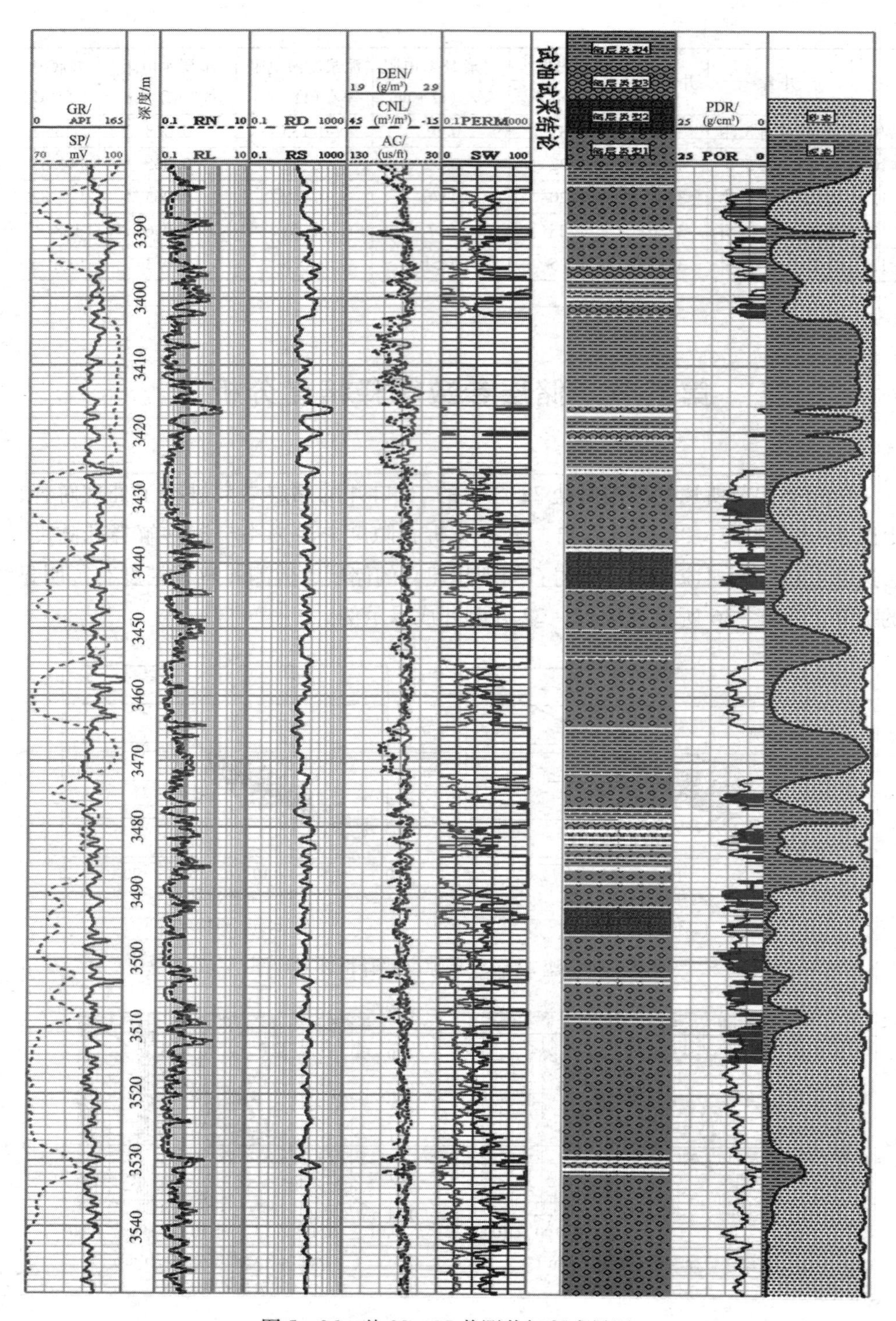

图 5－36　盐 22－22 井测井解释成果图

第六节　深层砂砾岩体有效储层识别和验证

在自然界中，把具有一定储集空间并能使储存在其中的流体在一定压差下流动的岩石称为储集岩。储集岩必须具备孔隙性和渗透性。孔隙性指岩石具备由各种孔隙、孔洞、裂隙及各种成岩缝所形成的储集空间，其中能储存流体。同时，储集岩还必须具有渗透性，即在一定压差下流体可在其中流动。广义地说，所有具有连通孔隙的岩石都能成为储集岩。由储集岩构成的地层称为储层。

从已钻 18 口井的情况看，盐 22 区块深层砂砾岩体油藏的含油性主要取决于其储集物性：储集物性好，则表现为油层；储集物性差，则表现为干层或非储层，基本上不含水。因此，能够储集流体的储层称为深层砂砾岩体的有效储层，而其储集物性是有效储层的主控因素。储层有效厚度物性下限是指孔隙度、渗透率的截止值。对于盐 22 区块沙四上段砂砾岩有效储层物性下限的研究可采用孔隙结构法、正逆累积法、取心试油验证法。这 3 种方法进行对比分析，从而可以综合确定有效储层的物性下限。

一、孔隙结构法验证

选用 6 口井共 64 块样品的压汞资料，绘制空气渗透率与排驱压力、孔喉半径关系图（图 5－37），从图中可以看出，在空气渗透率为 $0.7\times10^{-3}\mu m^2$ 左右时存在一个拐点，拐点的存在反映了样品的渗流能力在此出现了较大的变化，该点的物性值可作为有效储层的物性下限。

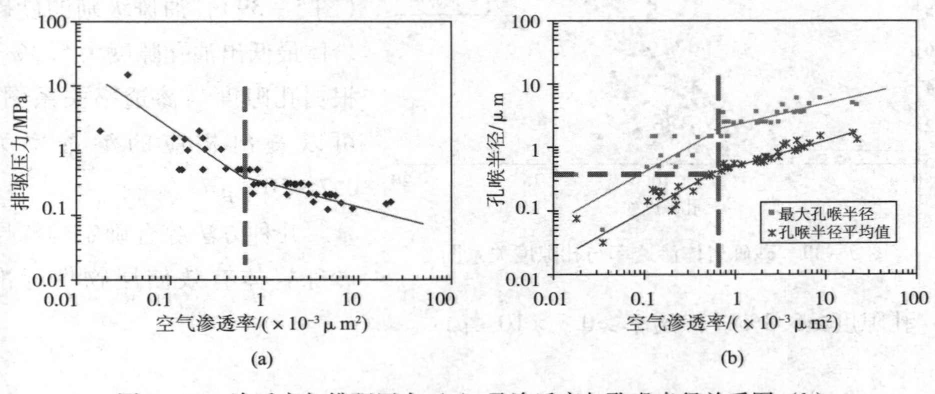

图 5－37　渗透率与排驱压力（a）及渗透率与孔喉半径关系图（b）

二、正逆累积法验证

盐22区块储层含油性下限定为岩心油斑，以油斑及其以上的样品为有效样品，油斑以下的样品为非有效样品，分别绘制了孔隙度、渗透率正逆累积频率分布图（图5-38），从图中可以直观地看出，孔隙度下限为4.7%，渗透率下限为$0.7\times10^{-3}\mu m^2$。

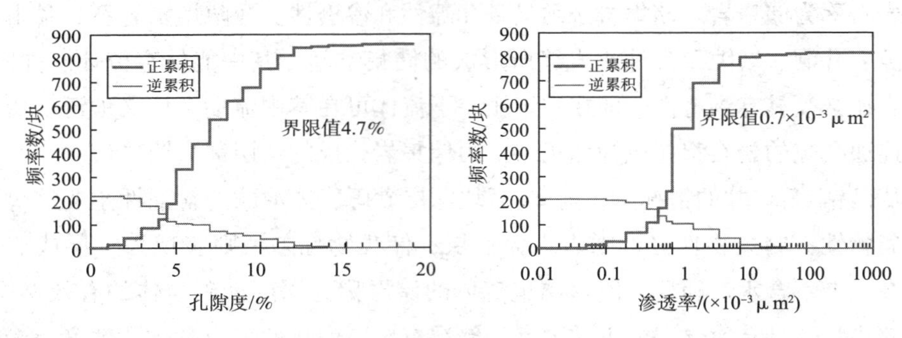

图5-38　孔隙度及渗透率正逆累积图

三、取心试油法验证

通过对盐家油田沙四上段18口井21个单层试油投产出油的层的岩心和岩屑录井岩性、含油性的统计分析可知，取心油斑砾状砂岩可以出油，含油性下限定为岩心油斑，砾状砂岩和含砾砂岩（砂岩）为有效岩性。

利用盐22-22块取心资料，编制不同含油性样品砂砾岩体渗透率与孔隙度关系图（图5-39），油斑级别的砂砾岩体最低出油孔隙度为5.3%，根据孔隙度与渗透率关系图，可以查出相应的渗透率为$0.7\times10^{-3}\mu m^2$。

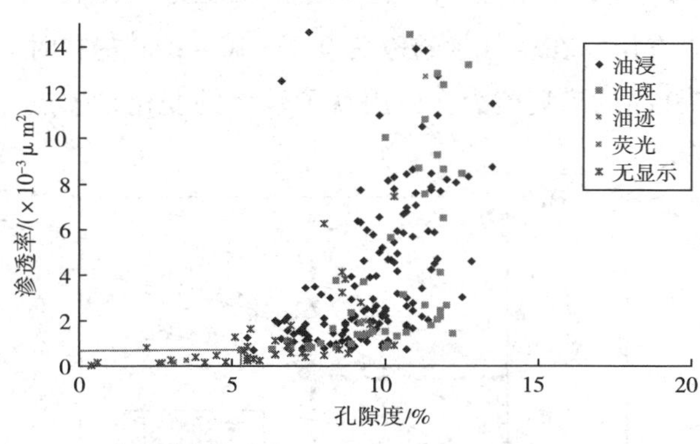

图5-39　砂砾岩体渗透率与孔隙度关系图

几种方法综合确定的深层砂砾岩体有效储层物性标准为：孔隙度≥5.3%，渗透率$\geq0.7\times10^{-3}\mu m^2$。

第六章　深层砂砾岩体油水层识别

第一节　核磁共振测井识别油水层

核磁共振成像测井在进行储层物性参数计算（包括黏土孔隙度、有效孔隙度、束缚水孔隙度和可动流体孔隙度、渗透率、孔喉半径等参数）、储层流体类型判别时具有独特优势。总结核磁共振成像测井的主要用途，可以将其划分为以下几个方面：利用核磁测井精确计算储层孔隙度和渗透率；利用核磁 T_2 谱划分储层类型；利用核磁共振成像测井识别低阻油层；定量计算含油、气、水饱和度，识别储层流体；评价水淹层；利用核磁测井判别储层伤害程度。

本章主要应用核磁共振成像测井进行油水层的识别。

地层中含有氢原子的物质主要是水和碳氢化合物，因此，利用核磁共振成像测井可以有效识别储层的流体性质，而基本上不受地层岩性和地层水矿化度的影响，即核磁共振 T_2 谱分布形态主要与地层孔隙结构和流体性质有关。孔隙流体的 T_2 时间存在 3 种不同的弛豫机制：自由弛豫、表面弛豫、扩散弛豫。自由弛豫是流体固有的的弛豫特性，由流体的物理特性（如黏度和化学成分）决定。表面弛豫发生在颗粒表面，与岩性有密切的关系。在梯度磁场中，一些流体（如气、轻质油、水、中等黏度的油）将表现出明显的扩散弛豫特性。扩散弛豫由下式给出：

$$T_{2扩散} = \frac{12}{D\ (\gamma G T_{\mathrm{E}})^2} \tag{6-1}$$

与自由弛豫一样，物理特性（如黏度和分子构成）控制扩散系数 D，室温下，气、油的扩散系数通常小于水的扩散系数，所以一般情况下轻烃的横向驰豫时间 T_2 比水的长，当轻烃与水在同一储层时，随着轻烃成分的增加，T_2 谱长组分也随之增加，因此，利用 T_2 谱分布形态可以识别储层中的流体性质。T_2 谱的形态与原油的黏度也有着密切的关系，原油的黏度越小，横向驰豫越长。深层砂砾岩储层油质好，具有利用 T_2 谱分布形态识别流体性质的条件。

根据盐 22 区块含油性的好坏，将油层分为高含油饱和度油层、中含油饱和度油层、低含油饱和度油层、水层 4 类，不同类型的油层 T_2 谱分布形态存在差异，根据 T_2 谱识别油层的准确性也不同。

1. 高含油饱和度油层

T_2 谱主峰数值大，多大于 100ms，并且 T_2 谱拖曳现象明显。如盐 22－22 井 3297～3308m 井段，T_2 谱显示该段储层孔隙度较大，储层物性好，含油饱和度高，T_2 谱主峰基本都大于 100ms，拖曳现象明显（图 6－1）。

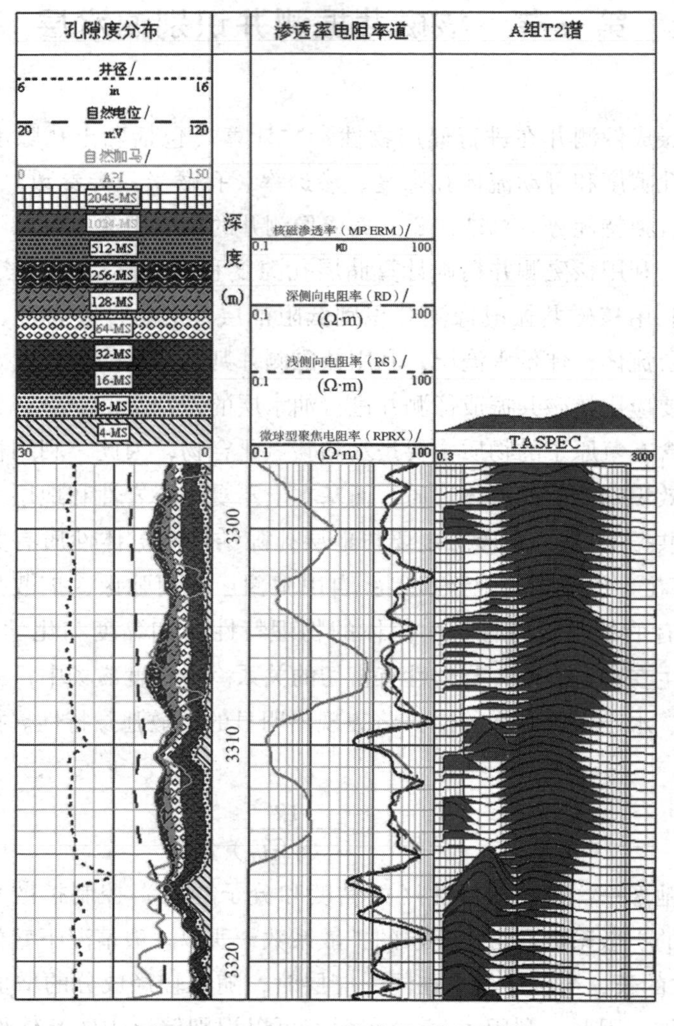

图 6－1　盐 22－22 井核磁共振测井图

2. 中含油饱和度油层

T_2 谱主峰数值较大，主要分布在50ms左右，可见较多 T_2 谱拖曳现象明显。如盐22－22井3308～3316m井段，T_2 谱显示该段储层物性较好，T_2 谱主峰基本上都大于50ms，有较多拖曳现象（图6－1）。

3. 低含油饱和度油层

T_2 谱主峰数值较小，主要分布在30ms左右，可见少量或不见 T_2 谱拖曳现象。如盐22－22井3213～3218m井段，该段储层物性略差，T_2 谱主峰大约30ms，T_2 谱有少量的拖曳现象（图6－2）。

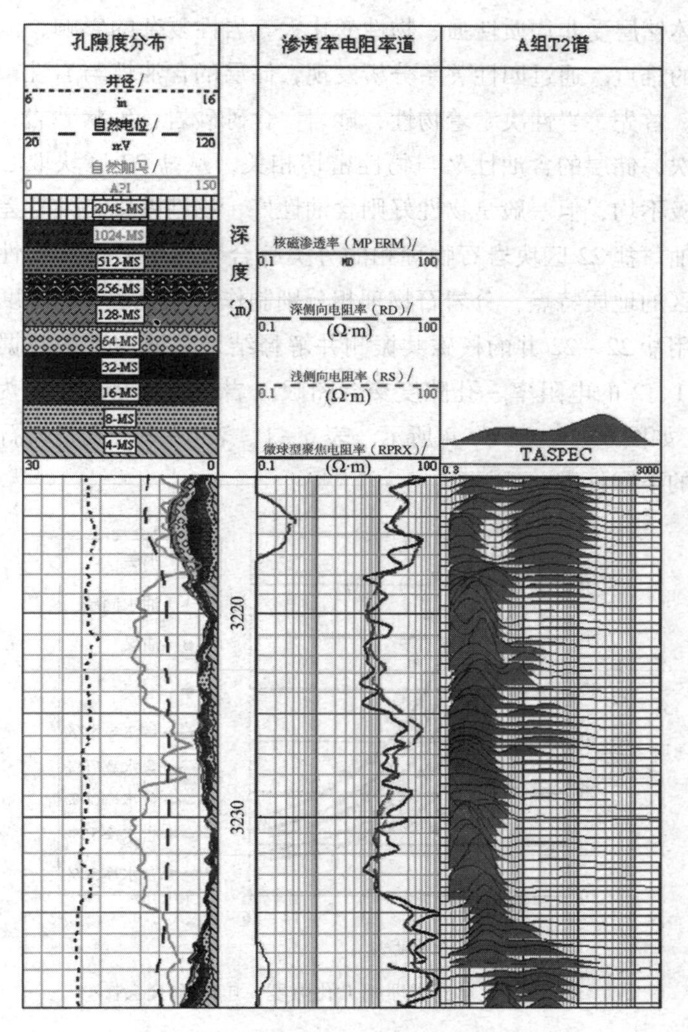

图6－2 盐22－22井核磁共振测井图

4. 水层

T_2 谱主峰随储层物性不同而不同，物性越好 T_2 谱主峰越大，T_2 谱分布范围相对狭窄，不见或少量 T_2 谱拖曳现象。如盐 22－22 井 3236～3240m 井段，T_2 谱分布范围窄，基本无拖曳现象（图 6－2）。

第二节　电阻率与孔隙度交会图识别油水层

砂砾岩体储层受非均质性强、物性变化大，岩性复杂的影响，流体识别一直是测井评价的难点。通过四性关系分析发现，储层的含油性与岩性、物性均有着密切的关系。首先，岩性决定着物性，砂岩、含砾砂岩、砾状砂岩、砾岩物性依次变差，其次，储层的含油性又与物性密切相关，从盐 22 区块取心资料看，含油层段含油极不均，但一般是物性好则含油性好，物性差则含油性差，而致密岩性基本不含油。盐 22 区块岩石物理相的分类综合考虑了岩性和物性的影响，为此就这个地区的地质特点，分岩石物理相分别制作了电阻率－孔隙度交会图版。

综合利用盐 22－22 井的核磁共振测井解释结果和试油试采数据分别制作了岩石物理相 1、2 的电阻率－孔隙度交会图版（岩石物理相 3 主要为干层，不必制作图版），如图 6－3、图 6－4 所示。表 6－1、表 6－2 分别是岩石物理相 1、2 油水层对应的下限标准。

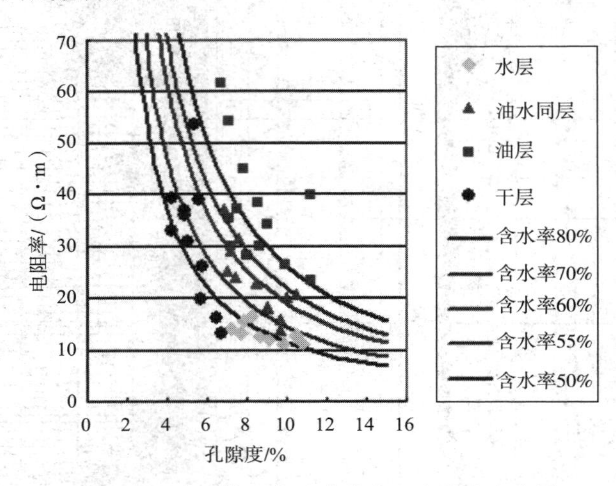

图 6－3　岩石物理相 1 孔隙度－电阻率交会图

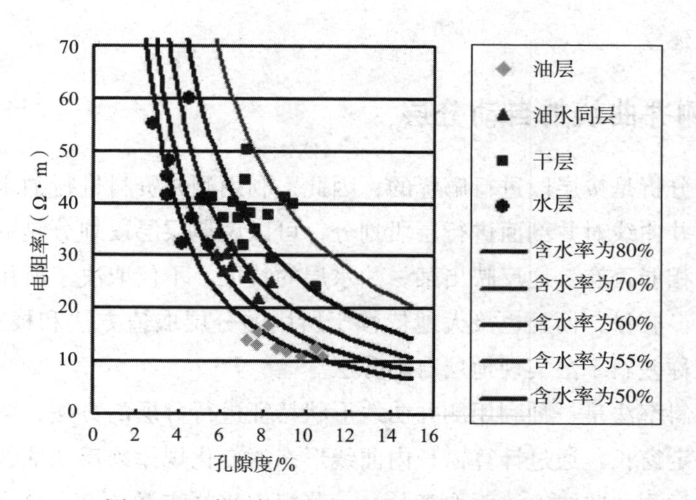

图 6-4　岩石物理相 2 孔隙度-电阻率交会图

表 6-1　盐 22 区块岩石物理相 1 流体下限标准

参数	流体性质			
	油层	油水同层	水层	干层
孔隙度	$POR \geqslant 6.9$	$POR \geqslant 6.9$	$POR \geqslant 6.9$	$POR \leqslant 6.9$
电阻率	$RT \geqslant 16$	$RT \geqslant 16$	$RT \leqslant 16$	—
含水饱和度	$S_w \leqslant 55$	$55 < S_w \leqslant 70$	$S_w \geqslant 70$	—

表 6-2　盐 22 区块岩石物理相 2 流体下限标准

参数	流体性质			
	油层	油水同层	水层	干层
孔隙度	$POR \geqslant 5.8$	$POR \geqslant 5.8$	$POR \geqslant 5.8$	$POR \leqslant 5.8$
电阻率	$RT \geqslant 20$	$RT \geqslant 20$	$RT \leqslant 20$	—
含水饱和度	$S_w \leqslant 60$	$60 < S_w \leqslant 73$	$S_w \geqslant 73$	—

第三节　基于测井相的多参数判别法识别油水层

应用测井相分析技术，选取和油水层关系较为密切的测井原始曲线或者计算出的参数，采用一定的数学方法，形成综合参数来判别油水层。这样就可以通过测井曲线进行油水层的识别研究，本节采用了一套多元统计分析方法进行油水层识别模型的建立。

一、测井曲线的自动分层

测井相分析是按层段进行解释的，因此，利用测井资料进行油水层划分前首先要根据测井曲线对井剖面进行层段划分，可以说地层层段划分是油水层划分的基础。测井相能否有效地反映出某一油水层的特征，不仅取决于所用测井资料的类型、数量、质量，而且也极大地依赖于所用的分层取值方法和模式判别准则，此处采用对称差斜率法实现地层自动分层。

对称差斜率法是一种利用测井曲线形状特征进行分层的方法，它以当前点为中心，取一定窗长，通过计算窗长内曲线形态的变化规律来反映曲线形态。具体做法是在任意测井曲线上，截取窗长 w，若窗内采样点数为 $2n+1$，各点的测井值为 $x'_1, x'_2, \cdots, x'_{2n+1}$，则下式的值称为窗内中点的累积对称差斜率，简称对称差斜率。

$$T_0 = arctg\left\{\frac{k \cdot \sum_{i=1}^{n}\left[(x'_{N_0+i} - x'_{N_0-i})(n-i)^2\right]}{n(n+1)R(x'_{\max} - x'_{\min})\sum_{i=1}^{n}(n-i)^2}\right\} \cdot \frac{180}{\pi} \tag{6-2}$$

式中 k——表征系数；

x'_{N_0+i}，x'_{N_0}，x'_{N_0-i}——分别为采样点 N_0+i、N_0、N_0-i 的测井值；

N_0——窗长内中点编号；

$x'_{\max}$，$x'_{\min}$——分别为原始测井数据的最大、最小值；

R——采样间隔。

对称差斜率具有以下性质：

（1）对称差斜率的取值范围为 $-90 \sim 90$，可以方便地对它进行使用和挑选；

（2）对称差斜率法对每个采样点逐点计算对称差斜率，数值大小反映了测井曲线的变化锐度；

（3）对称差斜率对窗口内的测井数据进行均衡化处理，能有效降低异常点的影响，突出整体信息，具有很强的抗干扰性。

二、测井数据归一化

各测井特征参数的量纲不同，其数值相差很大，不能直接将它们放在一起计算。为此，采用标准差归一化处理样本层的测井数据，处理后各测井数据的均值为零，标准差为1，且与量纲无关。

设所选的 n 个采样点中第 i 个采样点的第 j 种测井参数值为 x_{ij}，用标准差归一化法处理后，得出第 i 个采样点第 j 种测井参数归一化值为 x'_{ij}

$$x'_{ij}=\frac{x'_{ij}-\bar{x}_j}{S_j},\ i=1,\ 2,\ n;\ j=1,\ 2,\ \cdots,\ m$$

$$S_j=\sqrt{\frac{1}{n-1}\sum_{i=1}^{n}(x_{ij}-\bar{x}_j)^2}$$

$$\bar{x}_j=\frac{1}{n}\sum_{i=1}^{n}x_{ij} \qquad (6-3)$$

式中 $\bar{x}_j$——第 i 种测井参数的均值；

S_j——第 j 种测井参数的标准差；

m——测井参数的个数。

经过上述归一化处理后，各采样点测井数据的均值为0，标准差为1，且与量纲无关。

三、主成分分析

对测井曲线进行主成分分析的方法和目的是，利用坐标变换或者降维处理，消除或减少无用分量，将多种测井变量复合成少数几个综合变量（主成分）；也即通过主成分分析，从具有复杂相关关系的多种测井参数中，提取能控制所有测井变量的、最能反映地层特性的少数几个主成分 PC_i（$i=1,\ 2,\ \cdots$）。这些主成分基本不损失原来测井值所反映的地层信息，又减少了变量数目，从而大大减少了计算量。如果将各不相关的主成分 PC_i 视为坐标轴，并且坐标系内每个数据点具有相同的加权系数，那么可以根据资料点分布轨迹的最大长度方向确定第一主轴（第一主成分）PC_1 及与 PC_1 垂直的第二主轴 PC_2，依次类推，便有第三、第四主成分 PC_3、PC_4，并且从 PC_1 到 PC_i（$i=2,\ 3,\ \cdots$）每个轴所包含的原始信息量逐渐减少。

设具有 m 个测井特征参数的各样本层，均可表示为 m 维随机向量 $x=(x_1,\ x_2,\ \cdots,\ x_m)^T$，其中 $x_1,\ x_2,\ \cdots,\ x_m$ 为归一化后的 m 类测井数据，其样本协方差矩阵为 Σ。由多元统计分析理论可知，协方差矩阵为 Σ 的 m 个特征值按大小排列为 $\lambda_1\geqslant\lambda_2\geqslant\cdots\geqslant\lambda_m$，$a_i$ 为 Σ 相应于 λ_i 的单位特征向量，且 $a_1,\ a_2,\ \cdots,\ a_i$，相互正交，则 x 的第 i 个主成分为线性组合为：

$$PC_i=a_i^Tx,\ i=1,\ 2,\ \cdots,\ m \qquad (6-4)$$

其方差：$V_{ar}(PC_j)=\lambda_i$，

第 i 个主成分 PC_i 的贡献率为 $\lambda_i / \sum_{i=1}^{m} \lambda_i$ ，

前 p 个主成分 $PC_1 PC_2$，…，PC_p 的累计贡献率为 $\sum_{j=1}^{p} \lambda_i / \sum_{j=1}^{m} \lambda_i$ 。

四、聚类分析

根据前 P 个互不相关的主成分，采用系统聚类法中的离差平方和方法进行聚类分析，认为如果分类正确，则同类样本的离差平方和较小，而类与类间的离差平方和较大。具体做法是先将 n 个样本各自分成一类，聚类时每次选择使类内离差平方和的总和增加最小的两类加以合并，直至所有样本均归为相应的类为止。这种方法将第 P 类与第 q 类的距离定义为将 P 类与 q 类合并为新类（r 类）时所增加的离差平方和，即：

$$D_{pg}^2 = S_r - S_p - S_g = \frac{n_p n_g}{n_p + n_g} \ (\bar{x}_p - \bar{x}_g)^T - \ (\bar{x}_p - \bar{x}_g) \qquad (6-5)$$

式中　D_{pq}——第 P 类与第 q 类的距离；

S_p——第 P 类的类内离差平方和；

S_q——第 q 类的类内离差平方和；

S_r——将 P 类与 q 类合并为新类的类内离差平方和。

具体做法是先将 n 个样本层各自分成一类，聚类时每次选择使类内离差平方和的总和增加最小，即 D_{pg}^2 最小的两类加以合并，这样反复进行，直到所有样品层均归为相应的测井相类为止。

五、建立油水层多参数判别模型

把关键井中划分的各种测井相同已知的油水层作详细对比分析，并考虑地层与测井特征，建立测井相－油水层的对应关系。应注意，测井相类型一般多于油水层，因为同类油水层的地层，由于孔隙度、渗透性、特殊矿物及流体性质等的差别，将有不同测井响应值，故可能出现多种测井相。

为了有效区分各种测井相，常需要较多的测井参数，但测井参数增多，不仅会造成计算量成倍增大，而且会因某些测井参数间的非独立性，导致样本协方差矩阵退化，从而使计算精度降低，判别效果变差。所以，首先应用具有筛选功能的 Bayes 逐步判别法，从原 m 个测井参数中剔除某些因采用其他参数而对油水层的判别能力不显著的测井参数，选出对判别油水层重要的 L 个（$L < m$）测井参数，进而建立起适合地区地质特征的测井相数值判别模型。

设 n 个样本已划分为 G 类测井相，每层有 L 个对判别油水层重要的主成分，假设已知第 g 类测井相的概率分布密度为 f_g（x），其先验概率为 P_g，则由 Bayes 准则可建立如下判别模型：

$$Y_g(x) = P_g f_g(x), \quad g = 1,2,\cdots,G \tag{6-6}$$

样本 x 来自第 g 类母体（测井相）的后验概率为：

$$P(g/x) = \frac{P_g f_g(x)}{\sum_{K=1}^{G} P_k f_k(x)}, \quad g = 1,2,\cdots,G \tag{6-7}$$

Bayes 分类准则就是将 $\bar{x}$ 划归到使后验概率最大的一类中，这样划分引起错分的可能性最小。因 $\sum_{k=1}^{G} p_k f_k(x)$ 为常数，故用 Bayes 准则判别时，只需计算 $Y_g(x) = P_g f_g(x)$，如果满足公式（6－8），则将 x 划归到 g^* 类测井相中。

$$P_{g^*} f_{g^*}\ (x) = \underset{1 \leqslant g \leqslant G}{\mathrm{Max}} \left\{ P_g f_g\ (x) \right\} \quad g=1,\ 2,\ \cdots,\ G \tag{6-8}$$

设各类母体均遵从正态分布，且认为各母体的协方差矩阵相同，则第 g 类母体的概率分布密度为：

$$f_g(x) = \frac{|\Sigma^{-1}|^{1/2}}{(2\pi)^{1/2}} \exp\left\{-\frac{1}{2}(x-\mu_g)^T \Sigma^{-1} (x-\mu_g)\right\} \tag{6-9}$$

式中，μ_g 与 Σ 为 g 类母体的期望向量与协方差矩阵，当样本足够多时，可用 g 类样本的测井参数均值向量 $\bar{x}_g$ 代替 μ_g，用样本协方差矩阵 S 代替 Σ，此时将式（6－9）代入式（6－6），两边取对数简化后得线性判别函数：

$$Z_g(x) = |\ln y_g(x)| = |\ln P_g| + C_{0g} + C_{1g}x_1 + \cdots + C_{lg}x_l \tag{6-10}$$

式中判别系数 C_{0g} 与 C_{ig} 分别为：

$$C_{ig} = \sum_{j=1}^{L} S^{ij} \bar{x}_{jg}$$

$$C_{0g} = -\frac{1}{2} \bar{x}_g T S^{-1} \bar{x}_g = -\frac{1}{2} \sum_{i=1}^{L} C_{ig} \bar{x}_{ig}$$

$$\bar{x}_{ig} = \frac{1}{n_g} \sum_{k=1}^{n_g} x_{igk}, \quad i=1,\ 2,\ \cdots,\ L;\ g=1,\ 2,\ \cdots,\ G$$

式中　S——样本得协方差矩阵，其元素为：

$$S_{ig} = \frac{1}{n-G} \sum_{g=1}^{G} \sum_{k=1}^{n_g} (x_{igk} - \bar{x}_{ig})(x_{jgk} - \bar{x}_{jg}), i,j = 1,2,\cdots,l \tag{6-11}$$

S^{-1} ——样本协方差矩阵得逆矩阵，其元素为 S^{ij}；

n_g ——第 g 类母体得样本个数；

$\bar{x}_g$ ——第 g 类母体样本的测井参数均值向量；

x_{igk} ——第 g 类母体中第 k 个样本的第 i 种测井参数值。

这样，将关键井中各类测井相的标准样本层的测井参数代入式（6－10），便得出各类测井相的判别系数与判别函数值，从而建立起一个地区各类测井相的判别模式（图6－5、图6－6）。

岩石物理相1：$pc_1 = -0.52DEN + 0.53CNL + 0.57AC + 0.29SP - 0.21RT$

$pc_2 = -0.11DEN + 0.14CNL - 0.03AC + 0.28SP + 0.94RT$

岩石物理相2：$pc_1 = -0.47DEN + 0.45CNL + 0.44AC - 0.41SP - 0.45RT$

$pc_2 = -0.04DEN + 0.33CNL - 0.13AC + 0.73SP + 0.24RT$

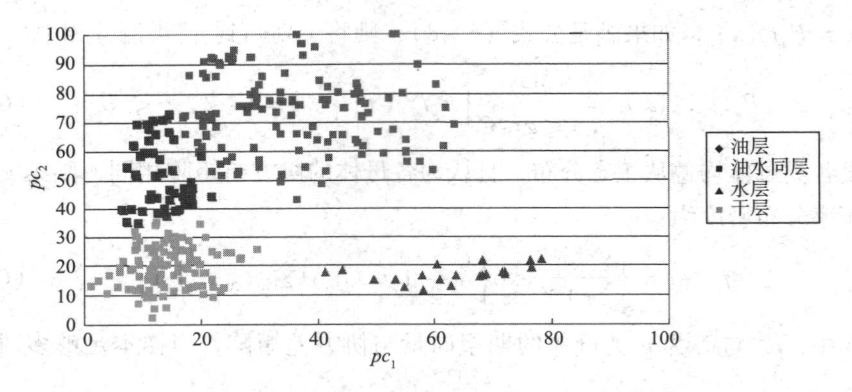

图6－5　岩石物理相1多参数判别图版

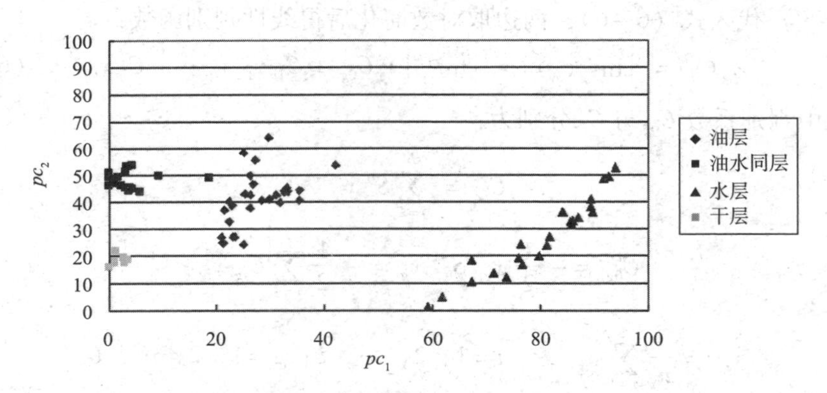

图6－6　岩石物理相2多参数判别图版

第四节　盐22区块油水层测井处理评价

根据各类岩石物理相的油水层模型，以及建立的各岩石物理相1、2的油水层多参数判别图版和电阻率与孔隙度交会图版，利用测井相分析方法实现连续油水层的自动划分，研制了基于测井相的砂砾岩体油水层连续划分软件。通过对盐22区块的14口老井进行油水层判别可知，测井解释结果与试采结果符合程度较好。

盐22井原3197~3230.8m，33m/1层解释为水层。现3212~3223m解释结果为油层，2005年11月对该段进行试油，综合含水率为5.5%，试油结果为油层（图6-7）；盐22-斜1井3579~3600m测井解释为油层，2006年3月投产井段为3579~33617m，油压为2，油嘴为8mm，日产液5.5t，日产油5.4t，含水率为1.8%，试油结果为油层（图6-8）。

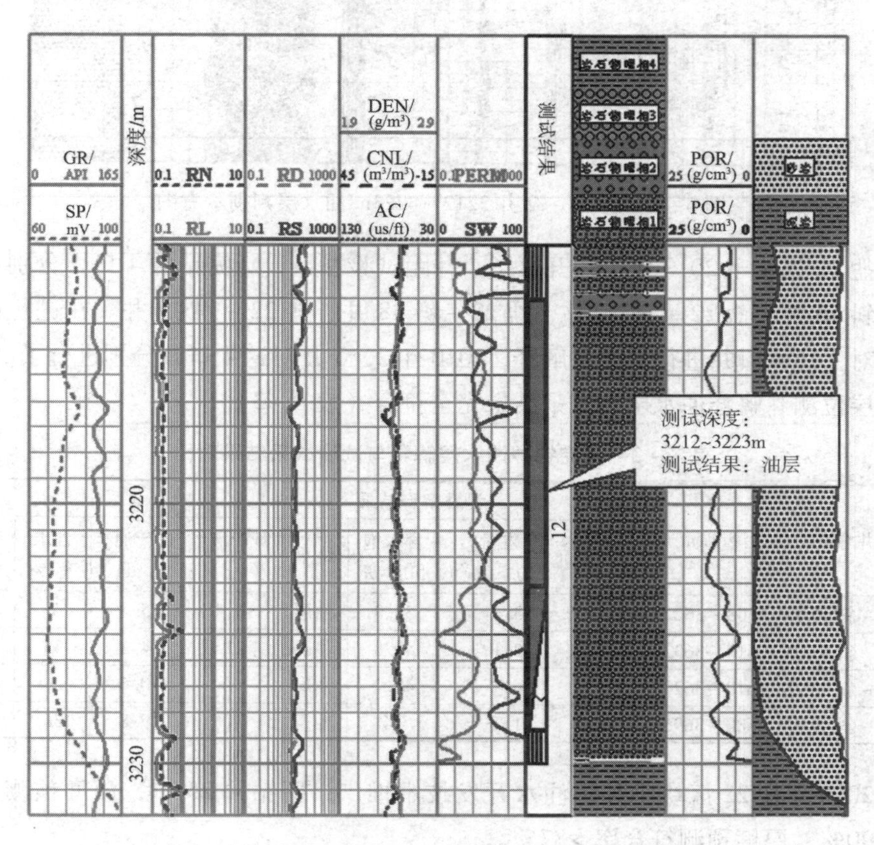

图6-7　盐22井3212~3223m油水层判别示意图

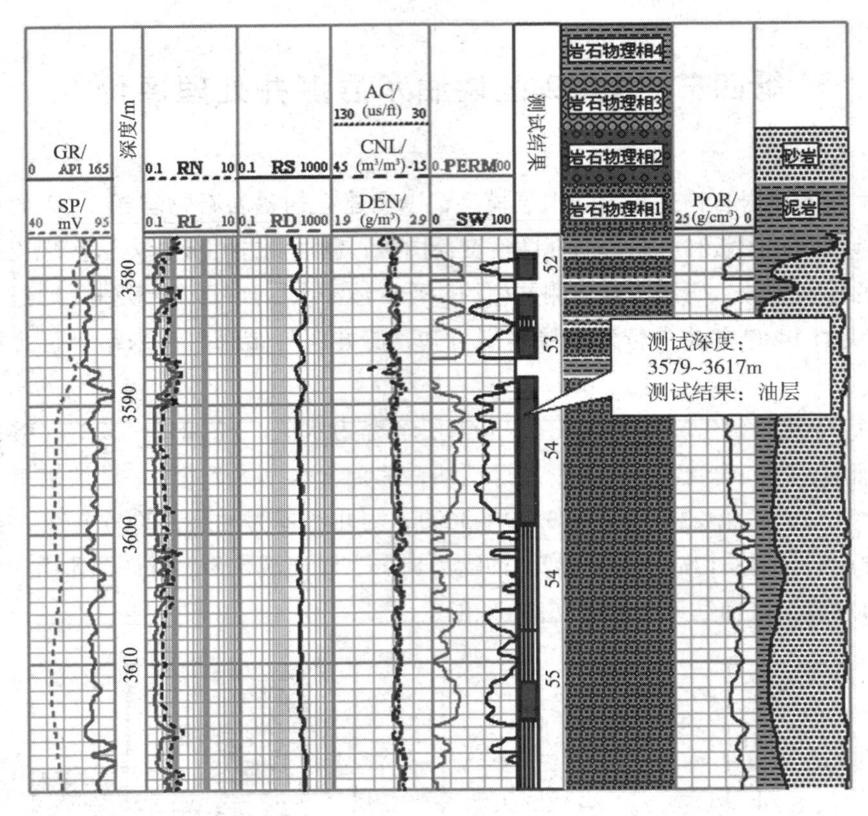

图 6－8　盐 22－22 井 3212－3223m 油水层判别示意图

盐 22 区块于 2010 年 1 月开辟了小井距试验井组，新完钻井 4 口，分别是盐 22－斜 46 井、盐 22－斜 47 井、盐 22－斜 48 井、盐 22－斜 49 井。在进行试采之前对上述 4 口井进行了测井解释，2010 年 2、3 月对这 4 口井分别进行了试采，试采层位测井解释油水层与试采结果完全符合（表 6－3）。

表 6－3　新完钻井油水层解释与试油试采结果对比

井名	深度/m	测井解释结果				试采结果			结论
		孔隙度/%	渗透率/($\times10^{-3}\mu m^2$)	含水饱和度/%	结果	日产液/(t/d)	日产油/(t/d)	含水率/%	
盐 22－斜 46 井	3608～3622	9.4	3.4	55.9	油层	16.4	15.3	7	油层
盐 22－斜 47 井	3610～3632	8.8	2.1	40.8	油层	22	14.3	35	油层
盐 22－斜 48 井	3610～3620	7.1	1	41.2	油层	11	10.6	3.4	油层
盐 22－斜 49 井	3680～3696	7.8	1.1	44	油层	31	19.8	36	油层

2013 年盐 22 区块小井距注水开发技术推广，新钻井 25 口，深度预测符合率 >90%，厚度预测符合率 >87%。

第七章　深层特低渗砂砾岩体油藏开发实践

第一节　深层砂砾岩体油藏渗流特征

一、深层砂砾岩体油藏压力敏感性

通过测试不同类型连通体样品的渗透率随上覆压力改变而变化的关系，须对储层渗透率在生产过程中的变化规律进行研究。

建立深层砂砾岩体油藏储层的渗透率随储层压力下降的变化率公式。

$$K/K_a = 1.1939K_a^{-0.034}\ (\Delta P)^{-0.2631K_a^{-0.115}} \quad (7-1)$$

利用式（7－1），绘制储层不同类型连通体渗透率变化率与储层压力下降值的关系曲线图版（图7－1）。

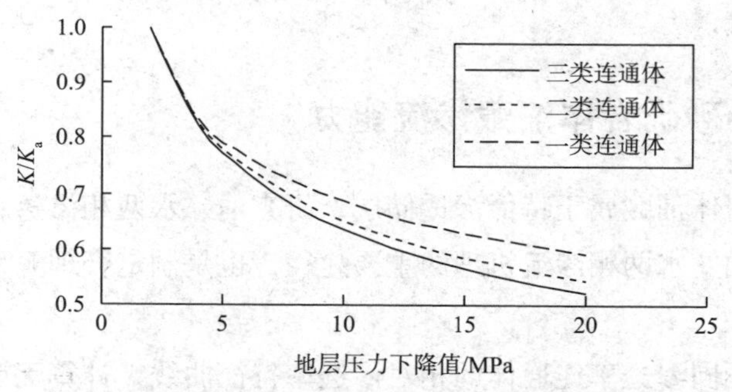

图7－1　深层砂砾岩体油藏储层压力敏感性曲线图版

盐22区块深层砂砾岩储层压力敏感性比较明显，渗透率不一样的储层随着储层压力的下降呈现不同幅度的下降趋势。渗透率越低的储层，对压力的敏感性越强，这决定于其复模态的岩石结构特征和复杂、细小的孔隙结构。

在压力下降初期，储层渗透率随压力下降而下降幅度比较大，约在7～8MPa

时出现下降变缓的拐点。

由于储层物性相对较差，深层砂砾岩体油藏渗透率低，流体的通过能力低。在生产过程中因为储层的压力下降易引起渗透率的降低，尤其是生产井井底附近范围内，以及压裂井压裂生产剖面范围内。压力下降幅度越大，压力敏感性伤害越严重，其导致的直接影响是油井产能的快速递减，稳产难度非常大。

压力敏感性与启动压力梯度是影响特低渗透油藏油井产能的重要因素（同时考虑启动压力梯度与压力敏感性的情况下，累采油量仅相当于一般油藏的79%），其中，启动压力梯度对采油量的影响更加明显，是主要的影响因素（图7－2）。

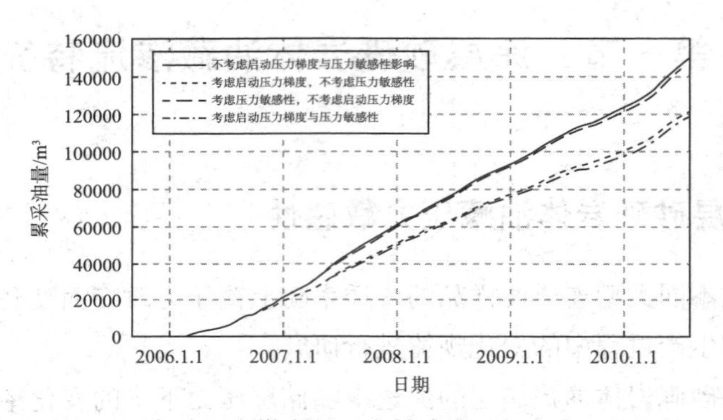

图7－2　启动压力梯度和压力敏感性对区块产量的影响

如图7－2所示，即使不考虑压力敏感性的影响，启动压力梯度对井组油井累油量的影响也非常明显，也就是说，储层的启动压力梯度是影响油井乃至区块产能的主要因素。

二、深层砂砾岩体油藏渗流能力

深层砂砾岩体油藏属于特低渗透储层，研究油、水两相渗透率的特征，是分析低渗透储层油、水两相渗流机理的重要途径，也是制定合理开发此类油藏技术政策的基础。

研究3类不同渗透率连通体的相对渗透率特征曲线，计算无因次采液、无因次采油指数（图7－3、图7－4）。

3类连通体均表现出比较低的流体通过能力的特点：油相相对渗透率迅速下降，样品渗透率越小，下降幅度越大；水相相对渗透率上升缓慢，而且残余油饱和度的水相渗透率比较低。一类连通体残余油饱和度的水相相对渗透率达到0.41，油层物性中等的二类连通体残余油饱和度的水相相对渗透率为0.26，油层物性差的三类连通体残余油饱和度的水相相对渗透率仅为0.22；油水共渗范围小，处于0.214～0.457的范围，其中油层物性好的一类连通体共渗范围最大，达0.377，理论驱油效率为61.8%；油层物性中等的二类连通体共渗范围为0.328，理想驱油效率为53.4%；油层物性差的三类连通体共渗范围仅为0.214，理想驱油效率为39.6%，这从侧面反映了砂砾岩体驱油效率低的特性。

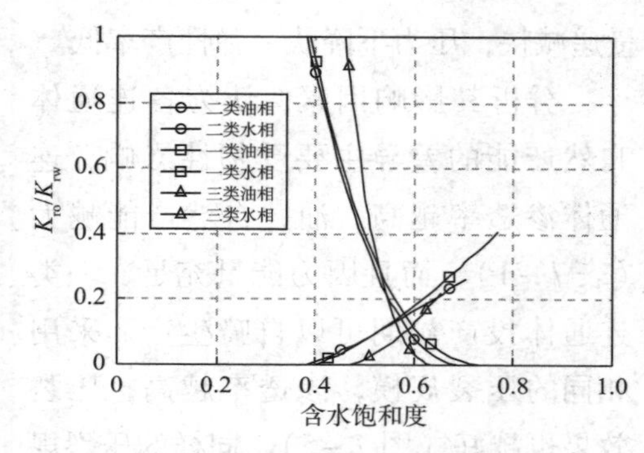

图7－3　深层砂砾岩体油藏不同类型连通体相对渗透率曲线

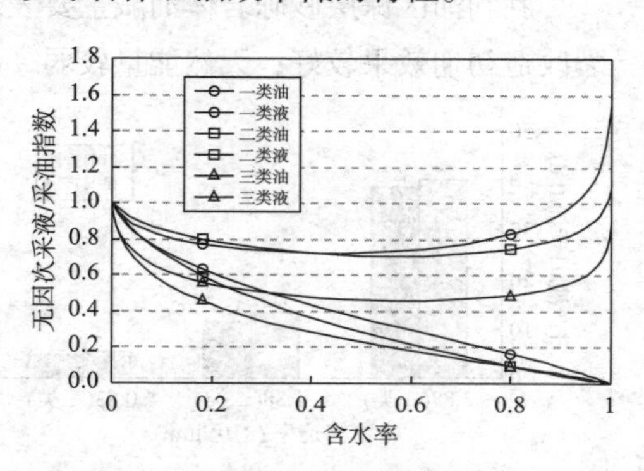

图7－4　深层砂砾岩体油藏不同类型连通体无因次采液采油曲线

利用3类连通体的相对渗透率数据，计算各自无因次采液、无因次采油指数(图7－4)。

油井见水后，采油指数、采液指数的变化规律将反应油井在含水期稳定生产的程度。

油井见水后，3类不同物性的连通体无因次采油指数随含水率增加而迅速下降，其中，渗透率最低的第三类连通体无因次采油指数下降幅度最大，第二类连通体次之，渗透率最高的第一类连通体无因次采油指数在同一含水率时保持相对较高的水平。

油井见水后，3类不同物性的连通体无因次采液指数开始迅速下降，但连通体物性不一样，无因次采液指数在含水最大值时上升幅度不一样，渗透率越高，无因次采液指数越大。另外，在一定的含水范围内，连通体的无因次采液指数相对恒定。其中，三类连通体含水率为40%～70%时，无因次采液指数相对恒定，且在含水率为58%时最低；二类连通体含水率为50%～60%时，无因次采液指数相对恒定，且在含水率为52%时最低；一类连通体含水率为30%～50%时，无因次采液指数相对恒定，且在含水率为40%时最低；在采液指数比较稳定的含水期，可以通过油井提液来增加采油量。

根据相对渗透率和油水运动关系分析，可以知道砂砾岩体油藏属于特低渗油藏。连通体的物性不一样，对流体的通过能力也不一样，渗透率高的连通体油水通过能力大于渗透率低的连通体，因此，油田开发时要根据连通体的物性制定出合理的开发政策。

三、深层砂砾岩体油藏生产特征及影响因素

胜利油区深层砂砾岩体油藏主要表现为以下开采特征：油井自然产能低，压裂改造初期效果较好；天然能量较弱，产量递减快，压力下降快，弹性产率低。

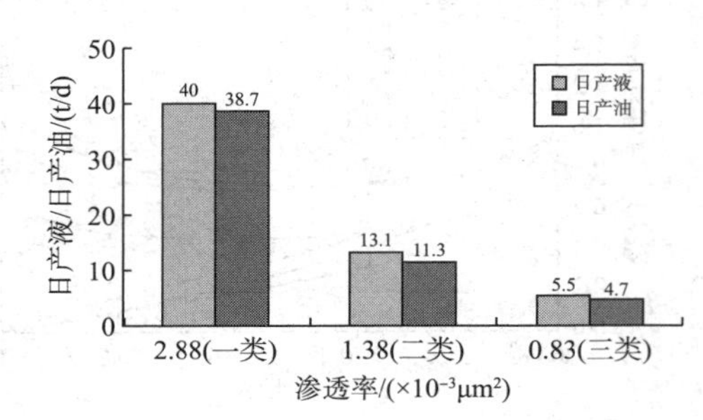

图 7－5　不同类型连通体油井相同压裂规模效果对比图（压裂缝长 90～110m）

分析其影响因素，认为各连通体自然产能的差异主要受物性影响，连通体渗透率越高，油井自然产能越大（表 7－1），而且因为能量充足，一类连通体投产初期可以自喷生产。采用相同的压裂规模，渗透率越高，压裂效果也越好（图 7－5）。同样的压裂规模，由于储层的渗透率不一样，导致油井压裂初期产能不同。另外，渗透率高的连通体，其吸水能力也相对较强，这从盐 22－2 井历年所测吸水剖面资料上也能够得到反映（图 7－6），渗透率最高的连通体 7－3 号，其相对吸水量占总注水量的 80%～90%，导致储层连通体间吸水严重不均衡。

表 7－1　砂砾岩油藏单井产能对比表

井名	投产日期	连通体	渗透率/（$\times10^{-3}\mu m^2$）	工作制度	日产液/（t/d）	日产油/（t/d）	含水率%
盐 22 井	2005 年 9 月	一类	2.77	自喷	8.9	8.7	2
盐 22X1 井	2006 年 1 月	二类	1.55	56×5×2.5	4.5	4.5	0

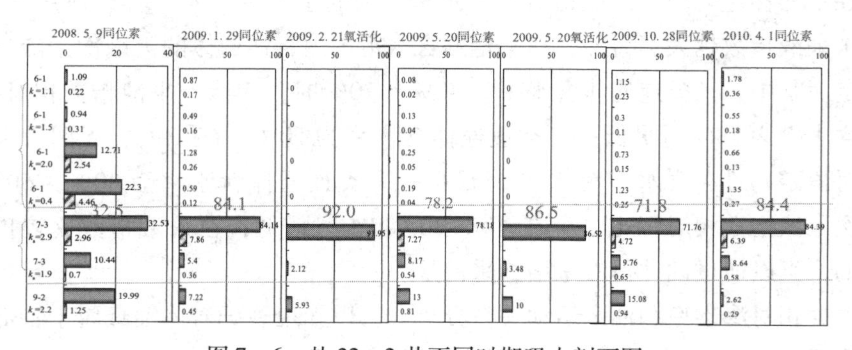

图 7－6　盐 22－2 井不同时期吸水剖面图

另外，压裂改造措施能有效提高储层导流能力，但不同连通体的递减幅度有差异。连通体规模大、物性好，则产量递减相对较慢，例如，一类连通体 6－1# 地质储量为 76.25×10^{4}t，平均渗透率为 $2.77\times10^{-3}\mu m^{2}$，油井压裂后平均月递减率为4.6%，折算年递减率为26.4%（图7－7）；二类连通体 5－5# 地质储量仅为 15.66×10^{4}t，渗透率为 $1.55\times10^{-3}\mu m^{2}$，油井压裂后平均月递减率达11.4%，折算年递减率为53.8%（图7－8）。油井产能递减幅度主要是受储层压力敏感性影响比较大，相比于二类连通体，物性好、储量规模大的一类连通体渗透率比值随压力下降的降低幅度相对较小，影响油井产能的程度相对较低。

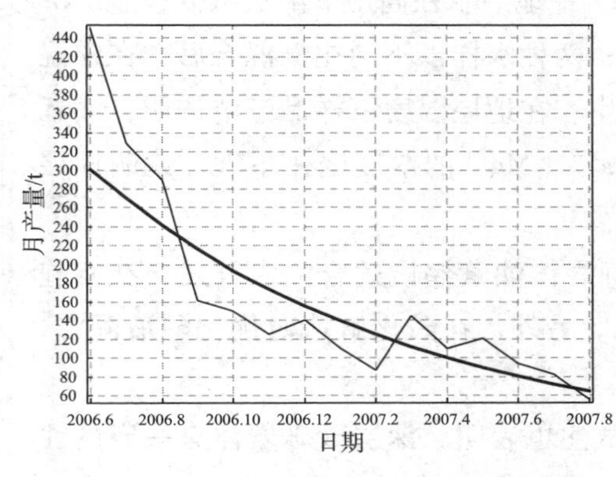

图7－7　一类连通体油井月递减曲线

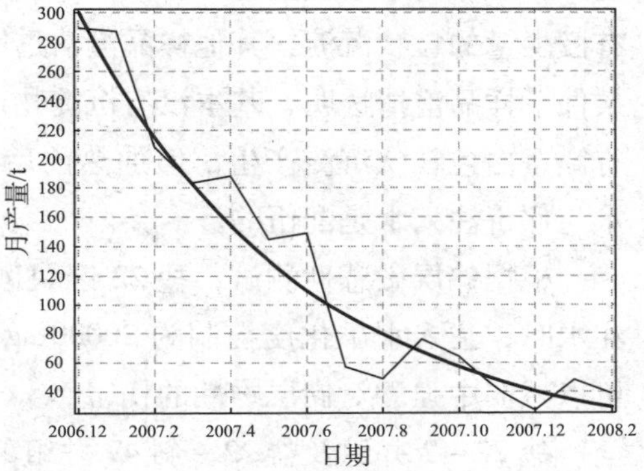

图7－8　二类连通体油井月递减曲线

通过以上分析认为，深层砂砾岩体油藏渗流受启动压力及压力敏感性的影响较大，因此,采取措施维持或提高储层渗流能力，是有效开发深层砂砾岩体油藏的关键。

四、深层砂砾岩体油藏开发方式

1. 弹性开发可行性分析

依据特低渗透储层中流体的通过性，可以将以油井井底为圆心的储层划分为易流区、不易流动区和不动区。利用压力敏感性计算公式算出极限渗流半径，然后再利用最大启动压力梯度公式计算易流半径（图7－9）。

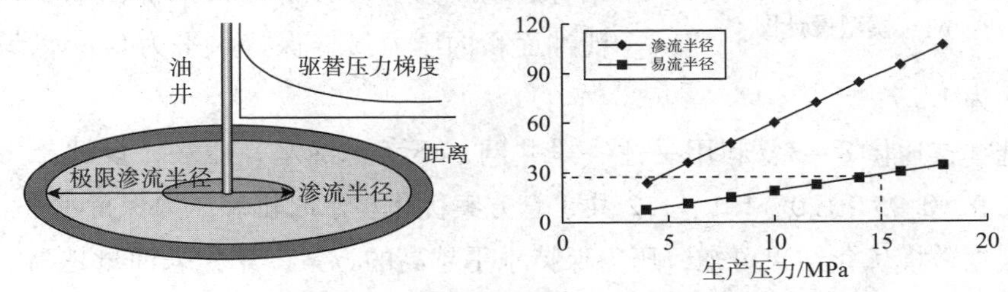

图7－9　盐22区块储层极限渗流半径和极限易流半径

当储层的生产压差达到15MPa时，油井的易流半径大约为30m，渗流面积为$0.0023km^2$，控制储量仅为0.42×10^4t，按10%的采收率计算，可采储量仅0.04×10^4t，经济效益非常低。

按照弹性采收率的公式计算，油藏工程计算区块弹性采收率仅为4.4%。

因此，盐22区块深层砂砾岩体油藏天然能量不足，需要注水补充能量。

2. 注水可行性及注水技术政策界限

首先，对注水开发的可行性进行研究分析。

盐22－X27井地层水、评价注入水即盐22混合分离水单样在常温和地层温度下，主要离子浓度变化不大。盐22－X27井地层水在高温下溶液微混，瓶底部有极少量的粒状沉淀，其他样品澄清透明；两种水样以不同比例混合后，在常温条件下样品澄清透明，基本没有沉淀物产生，在地层温度下样品澄清透明，底部有微量白色粒状沉淀产生，但加热前后Ca^{2+}、Mg^{2+}的浓度变化不大，说明地层水与评价注入水是配伍的。

根据储层敏感性测试，盐22区块砂砾岩体油藏储层适合注水开发，在实施注水时，注入水矿化度控制为20000mg/L。另外，在酸化解堵时优化酸液配方，可以减弱中强酸对储层物性的伤害。

盐22－2井组及盐22－斜47井组的试注也表明，深层砂砾岩体有一定的注入能力，能够进行注水开发。

其次，分析注水时机及压力保持水平。

盐22区块砂砾岩油藏属于特低渗储层，随着油井投产，存在比较明显的压力敏感性，储层渗透率明显降低，根据测试，即使恢复原始压力，储层的渗透率只能恢复到原始状态的75%左右。因此，为避免压力敏感性影响油藏的产能，需优化压力保持水平和注水时机。

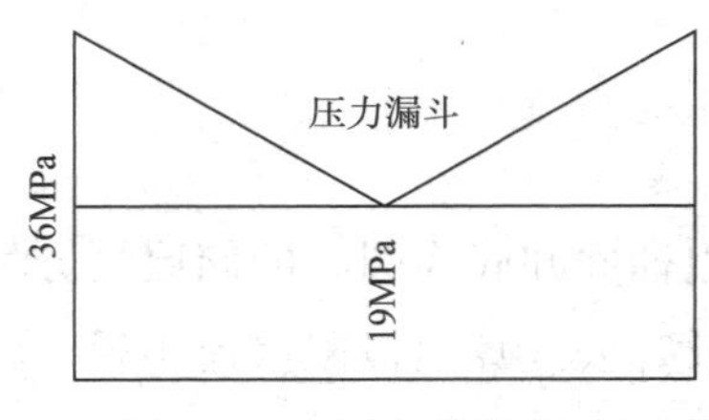

图7－10　压力保持水平漏斗模型设计图

利用数模设计单井压力漏斗模型（图7－10），根据压力漏斗的等效面积计算公式，结合启动压力梯度计算的极限泄油面积，极限泄油面积内压力最低保持水平为0.86，最高保持水平为1.27。

选择连通体8－3，利用一注一采井网，不考虑油水井压裂，设计压力保持水平0.9、0.95、1.0、1.1、1.2共5套方案优化注水时机和压力保持水平。

根据数模优化结果可知，压力保持水平越高的方案，累积采油量越高，所以超前注水的效果最好；其次是区块投产开发与注水同时进行的方案（图7－11）。

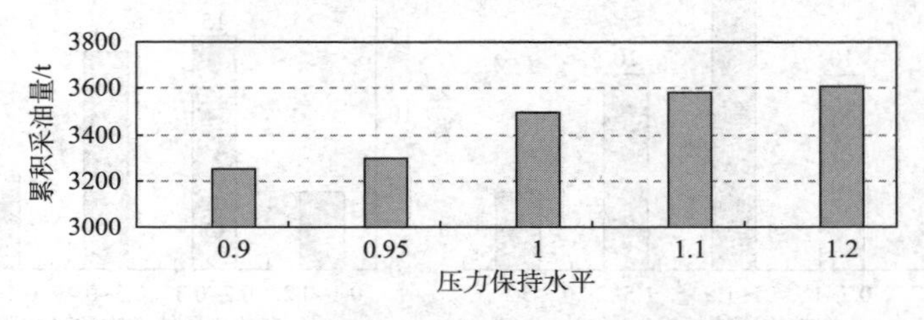

图7－11　压力保持水平与累积采油量关系柱状图

第二节　复杂叠置特低渗砂砾岩有效注水开发

盐22区块深层砂砾岩体油藏属于多期碎屑流沉积物的水下快速堆积，横向变化快、储层埋藏较深（3000m以下）。按照储层预测，发育43个连通体，多为舌形，宽度较小，且其中有两个解释为干层。41个有流体储集的连通体面积为0.17～3.54km²，有效厚度为0.8～33.9m，石油地质储量为1.6×10^4～161×10^4t，差别比较明显。厚层多期次叠置低渗透砂砾岩体油藏纵向发育连通体4～15个，叠置关系复杂。单个连通体平均有效厚度为10.1m，平均渗透率为$4.1\times10^{-3}\mu m^2$。因此，如何匹配注采井网、如何优化纵向组合是实现特低渗透砂砾岩体有效注水开发的关键。

一、扇体规模和物性双控定井网

盐22区块特低渗透砂砾岩连通体多为舌状（图7－12），顺物源方向延伸长度较大，为0.5～2.2km，一般为1～1.5km，垂直物源方向延伸较窄，为0.1～0.5km，一般为0.3km左右（图7－13）。物性变化也有相同的规律，顺物源方向渗透率变化较慢，渗透率变化梯度一般为$0.5\times10^{-3}\mu m^2/100m$，而垂直物源方向，随着距离的延伸，渗透率会迅速降低，渗透率变化梯度一般为$(2.5\sim3.5)\times10^{-3}\mu m^2/100m$（图7－14）。

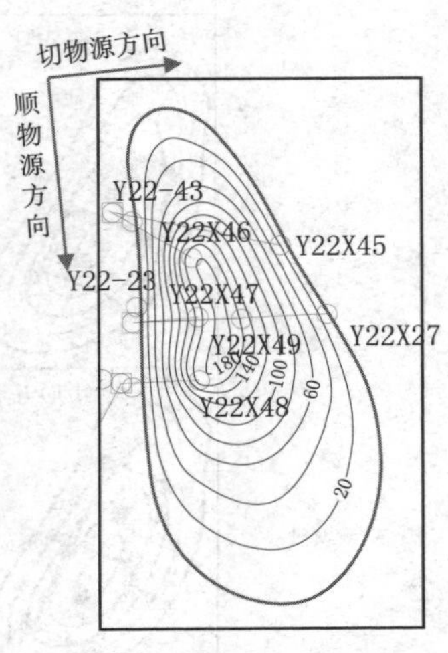

图7－12　8－3连通体有效厚度等值图

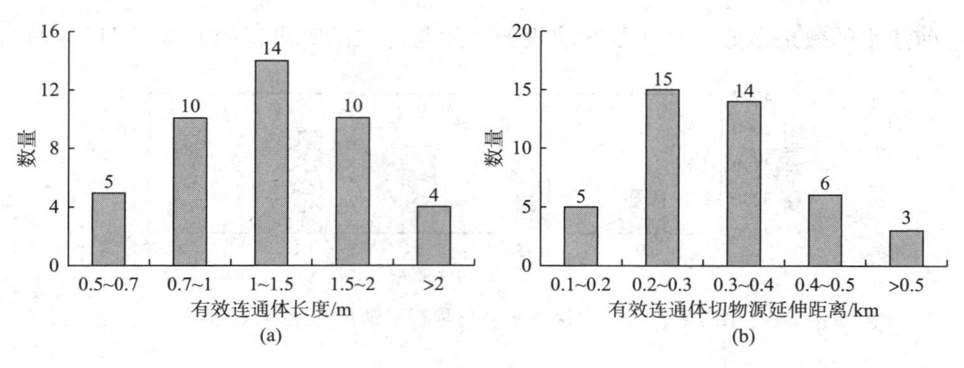

图 7－13　有效连通体延伸长度统计柱状图

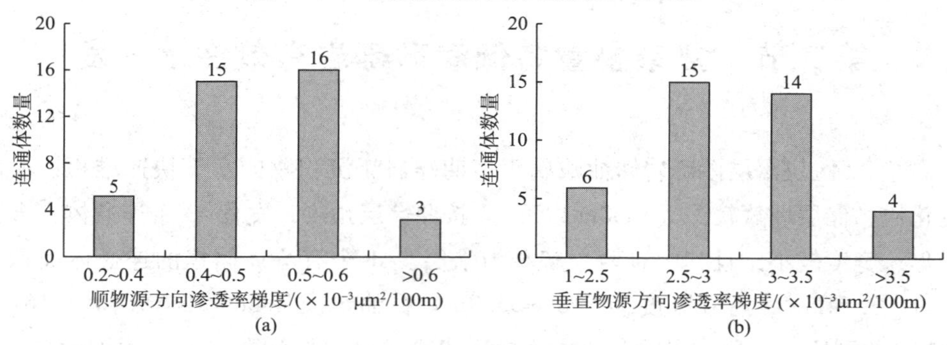

图 7－14　有效连通体延伸长度统计柱状图

依据有效连通体扇体规模及物性变化原因进行双因素控制下的注采井网形式优化，共设计注采井网 6 套（图 7－15）。

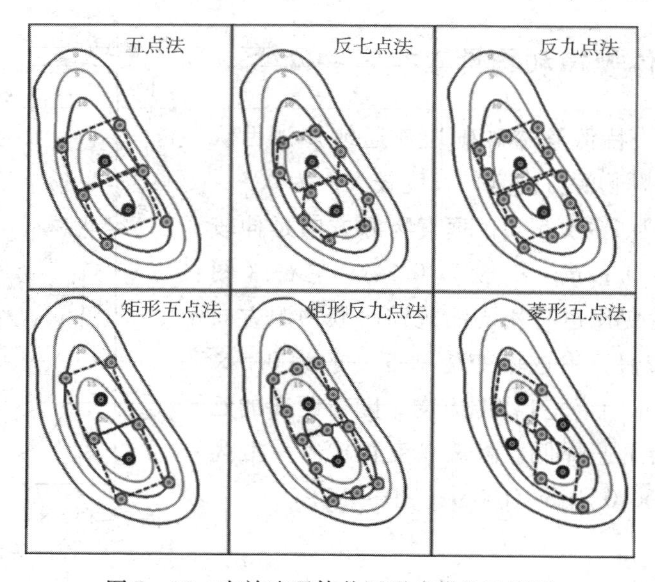

图 7－15　有效连通体井网形式优化示意图

对比 15 年的开发效果，矩形五点法注采井网开发效果最好，15 年末采出程度可达到 25.4%（图 7－16），因此推荐矩形五点注采井网作为有效砂砾岩体油藏注水开发部署井网形式。

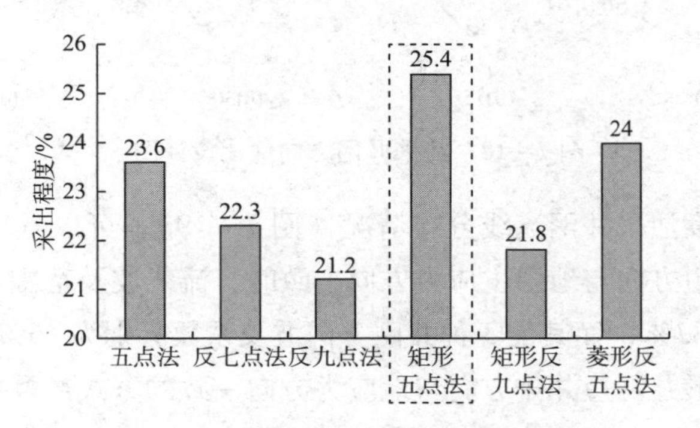

图 7－16　不同井网 15 年采出程度对比图

综合考虑砂砾岩连通体非均质状况，利用等渗阻力法建立极限注采井距与储层渗透率关系图版，用于预测砂砾岩体注采井网合理技术井距（图 7－17）。

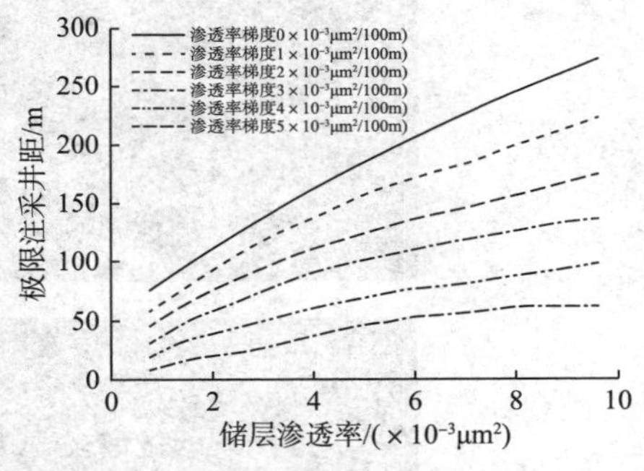

图 7－17　极限注采井距与储层渗透率关系图版

根据计算结果，平均渗透率 4 为 $\times 10^{-3}\mu m^2$ 的情况下，垂直物源方向渗透率变化梯度为（2～3）$\times 10^{-3}\mu m^2$/100m 时，技术极限井距为 90～110m；顺物源方向渗透率变化梯度为 $0.5\times 10^{-3}\mu m^2$/100m 左右时，技术极限井距为 140～160m，对应的矩形注采井网技术井距为 160～190m。

二、扇体发育方向与地应力双控定井排

由于深层特低渗透砂砾岩连通体发育两个非均质方向，一个是物源方向，为北西 26°，另一个是地应力方向，为北东 60°～70°，两个非均质方向呈近似 90°。因此，在注采井网部署时，需同时考虑两个非均质性方向对注采流线的影响，设计不同注采方向的对比方案如图 7－18 所示。

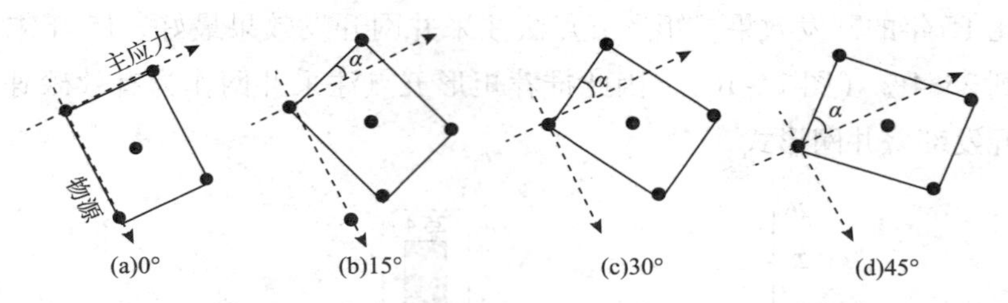

图 7－18　注采井网方向优化设计图

对比不同角度注采井网流线分布情况（图 7－19），可以看出角度为 0°，也就是矩形井网短边方向与地层主应力方向一致时，流线波及范围最大，分布最均匀，波及系数为 83%，而其他 3 种井网方向波及系数分别为 76%、67% 和 63%，因此，推荐按矩形井网短井排方向与地应力方向一致的方式部署井网。

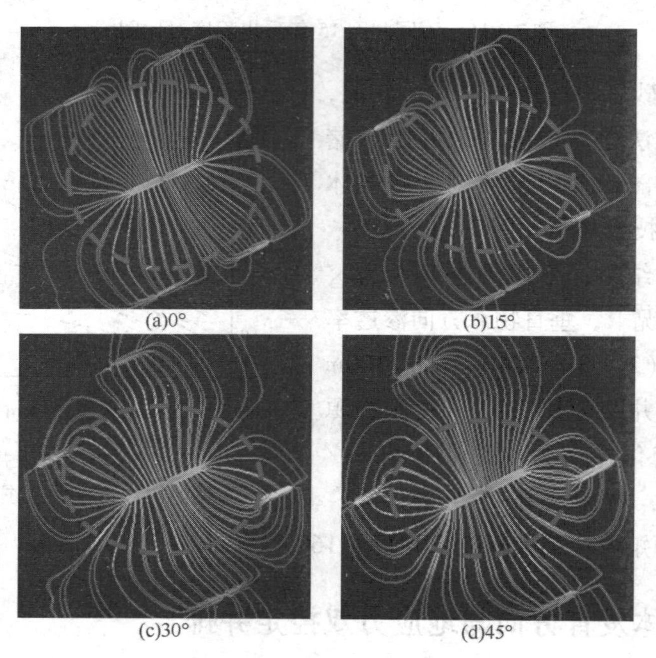

图 7－19　不同井排方向流线分布图

三、纵向组合保单控

在平均 175m 注采井距的矩形五点井网控制下，每口井控制单个连通体的地质储量约为 3.62×10^4t。

计算不同油价下单井应该控制的经济合理储量（图 7－20），在油价为 60 美元/桶时，所对应的单井控制储量应该达 10.9×10^4t，单连通条件下的平均单控储量远小于所需的经济单控储量。

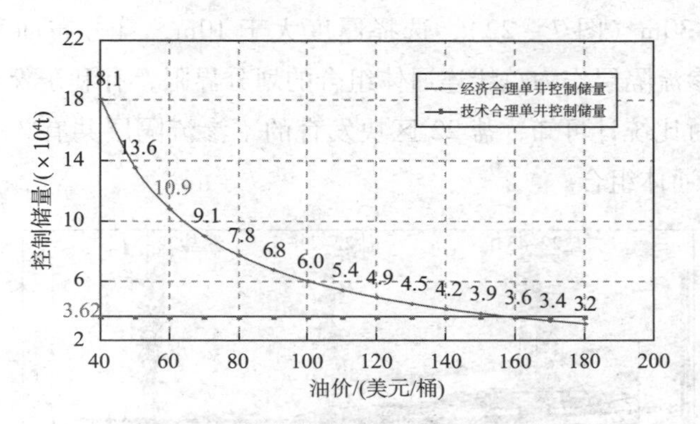

图 7-20　单井控制储量与油价关系曲线

厚层复杂叠置砂砾岩体油藏的主要特点为纵向叠置多，一般单井可钻遇 4~15 个有效连通体（图 7-21），厚度大，单井平均钻遇连通体厚度累积可达 157m，储量丰度高达 $245\times10^4t/km^2$，因此，可通过纵向有效连通体组合的方式来弥补单连通体单井控制储量不足的矛盾，实现特低渗透砂砾岩体油藏的经济有效开发。

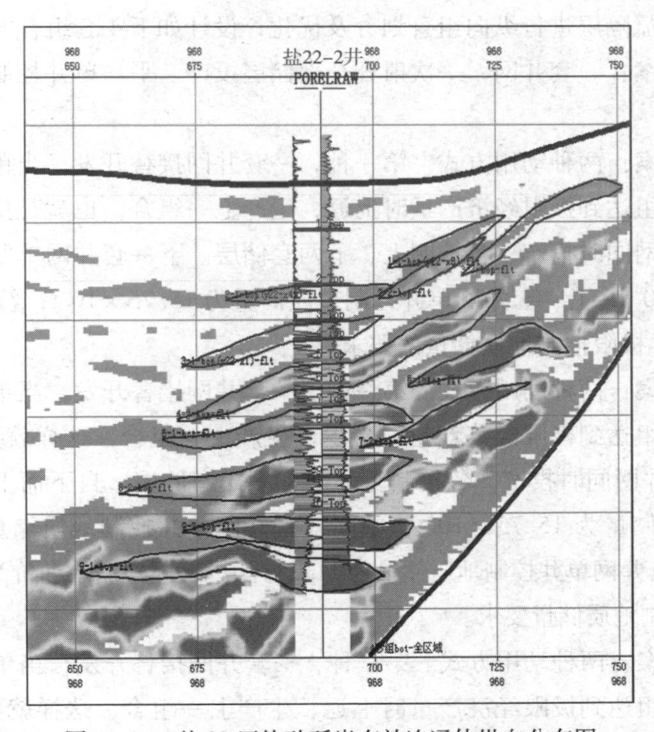

图 7-21　盐 22 区块砂砾岩有效连通体纵向分布图

根据地质研究可知，部分纵向连通体间发育渗透能力极低或不渗透的渗流隔层，一般为2～30m（图7－22），选择厚度大于10m，且分布面积占含油面积80%以上的不渗流隔层作为总线连通体组合的划分界限，有利于保证连通体组合的开发效果。对比统计可知，盐22区块发育的不渗流隔层共有3个，纵向可划分为1～4个连通体组合。

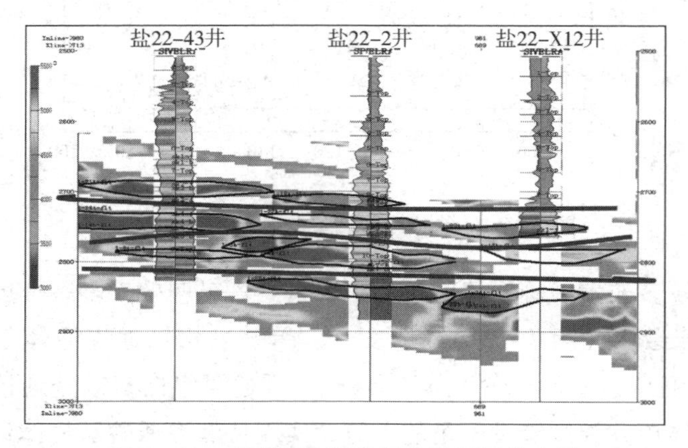

图7－22　砂砾岩连通体间渗流隔层分布图

按照不渗流隔层进行纵向组合划分及优化，设计如下4套组合方案。

第一套方案：一套井网，一次射开全部储层投产。平均单井控制地质储量为35.33×10^4t。

第二套方案：两种动用方式。第一种，一套井网接替开发，当单井达到极限日产油量或井组达到极限经济产量时上返，生产上一组合，也就是接替一次。第二种，两套井网同时投产，各控制上、下两套储层。下一套井网单井控制地质储量为19.58×10^4t，上一套井网单井控制地质储量为15.75×10^4t，符合油价为60美元/桶时单井极限控制地质储量的要求。

第三套方案：两种动用方式。第一种，一套井网接替开发，当单井达到极限日产油量或井组达到极限经济产量时上返，生产上一组合，这样就要接替两次。第二种，3套井网同时投产，各控制上、中、下3套储层。自下而上第一套井网单井控制地质储量为15.75×10^4t，中间一套井网单井控制地质储量为11.03×10^4t，上面一套井网单井控制地质储量为11.25×10^4t，同样满足油价为60美元/桶时单井极限控制地质储量要求。

第四套方案：两种动用方式。第一种，一套井网接替开发，当单井达到极限日产油量或井组达到极限经济产量时上返，生产上一组合，这样就要接替3次。第二种，4套井网同时投产，各控制一套储层。自下而上第一套井网单井控制地质储量为 8.33 × 10^4t，第二套井网单井控制地质储量为 6.75 × 10^4t，第三套井网单井控制地质储量为 11.03 × 10^4t，最上面一套井网单井控制地质储量为 11.25 × 10^4t，下面两套井网单独开采，不能够满足油价为 60 美元/桶时单井极限控制地质储量为 10.9 × 10^4t 的要求。

经过数模研究和经济评价，第三套方案中的接替上返方式，尽管 15 年末采出程度小于第四套方案的采出程度，但是其投入产出比最大，也就是经济效益最好（表 7－2、图 7－23、图 7－24）。

表 7－2　砂砾岩连通体间渗流隔层分布图

纵向组合	部署井网	生产方式	地层厚度/m	连通体有效厚度/m	平均单井控制储量/（× 10^4t）	采出程度/%	投入产出比（60 美元/桶）
一套	1	同时生产	520	157	35.33	13.68	1.99
二套	1	接替生产	520	157	35.33	14.84	2.04
	2	同时生产	310	87	19.58	16.53	1.17
			200	70	15.75		
三套	1	接替	520	157	35.33	16.64	2.17
	3	同时生产	150	50	11.25	17.38	0.81
			160	49	11.03		
			200	70	15.75		
四套	1	接替	520	157	35.33	16.88	2.09
	4	同时生产	140	50	11.25	17.98	0.72
			130	49	11.03		
			160	30	6.75		
			60	37	8.33		

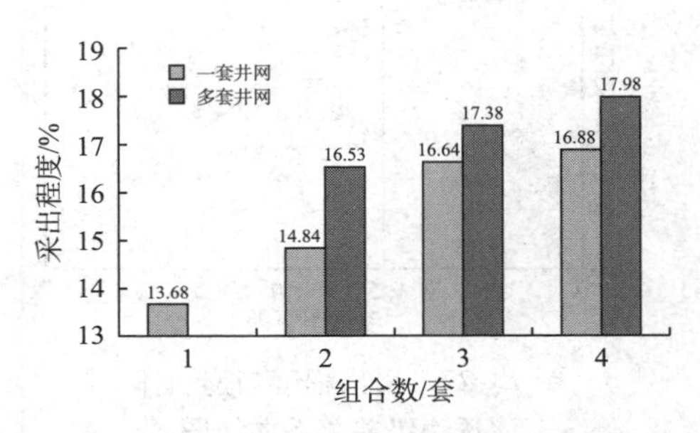

图 7－23　不同组合方案开发指标对比结果

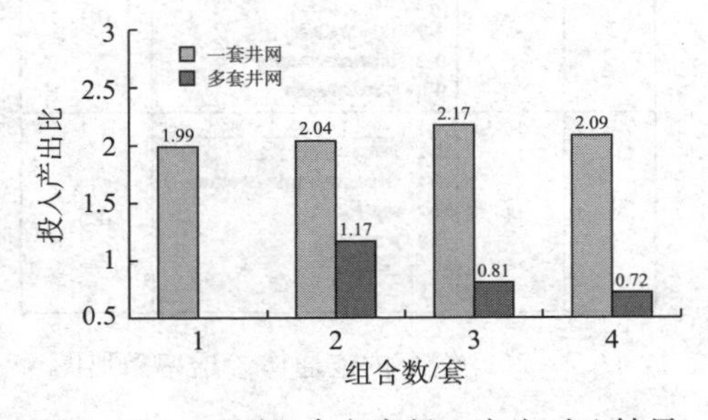

图 7－24　不同组合方案投入产出对比结果

因此，优选的组合开发方式为一套井网控制储量，接替两次开发。15 年末采出程度为 16.64%，投入产出比为 2.17。

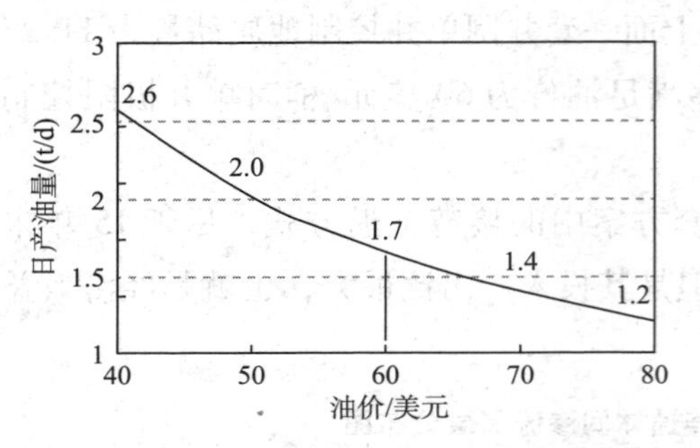

图 7－25　单井极限日产油量与油价关系曲线

从经济角度确定上返时机。以目前油价为 60 美元/桶为基准，计算单井经济极限日产油量为 1.7t/d。当日产油低于 1.7t/d 时，效益为负增长。因此，当单井日产油量或井组平均单井日产油量小于 1.7t/d 时，就应该上返接替（图 7－25）。

四、优化加砂调均衡

每个组合包含 3～6 个连通体，而每个连通体的物性差异比较大。根据地质研究，每个组合内连通体渗透率为 1.5×10^{-3}～$8.9\times10^{-3}\mu m^2$不等，而组合内连通体渗透率级差为 1.1～6（图 7－26）。根据数模研究，当层间渗透率级差大于 2.5 时，因为层间干扰和动用不均衡，单元整体采出程度下降幅度将增大（图 7－27）。

组合名称	连通体个数	渗透率分布	渗透率级差
3	5	1-2: 4.9 2-5: 3.8 3-3: 8.9 4-1: 2.1 5-2: 3.2	4.2
2	6	6-3: 3.2 7-6: 7.9 8-2: 1.3 8-7: 3.5 9-3: 5.1 9-8: 3.7	6.1
1	4	10-1: 3.2 11-1: 6.7 12-2: 2.1 13-4: 1.5 （横轴：0　2　4　6　8）	4.5

图 7－26　组合内连通体渗透率条形图

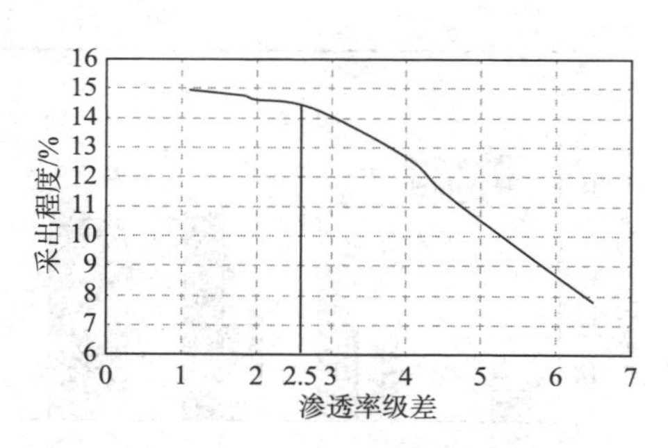

图 7－27　采出程度与连通体渗透率级差关系曲线图

因此，对于组合内连通体渗透率的差异，配套形成砂砾岩体油藏分段压裂技术，改善组合内连通体间非均质性，实现组合内连通体均衡注水开发。

压裂规模和铺砂浓度成正比，铺砂浓度加大，缝高增加，缝长增加。通过设计每个连通体的铺砂浓度和压裂规模，缩小连通体间因为物性差异而导致的层间干扰，相当于实现组合内每个连通体具有等效的渗透率（图 7－28），使每个连通体能够均衡驱替和均衡动用。

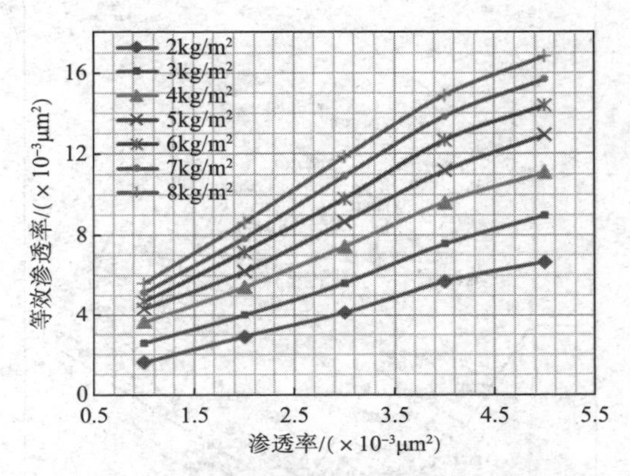

图 7－28 连通体等效渗透率与铺砂浓度关系曲线

注水井盐 22－2 井整体压裂 9－2#（渗透率为 $2.1\times10^{-3}\mu m^2$）、7－3#（渗透率为 $1.8\times10^{-3}\mu m^2$ 及 $5\times10^{-3}\mu m^2$）、6－1#（渗透率为 $1.6\times10^{-3}\mu m^2$）连通体。由于物性差异，压裂规模差别大，通过吸水剖面监测可知，连通体间吸水能力差别非常大，物性好的 7－3#连通体相对吸水量达到 85%，其他连通体相对吸水量分别为 3% ~7%。通过优化实施分段压裂，根据物性的不同，优化加砂量，基本实现了层间的吸水均衡化（图 7－29）。

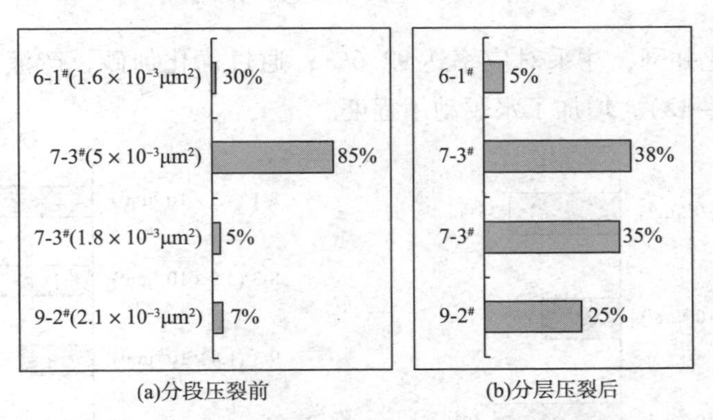

图 7－29 盐 22－2 井分层压裂前后吸水剖面对比图

五、矿场实施效果

盐 22 区块，2009 年开始实施小井距注水。截至 2014 年年底，投产 37 口井（图 7－30）。结合优化分段加砂，改善注采剖面，增加了水驱控制程度，实现了厚层砂砾岩水驱的有效动用。

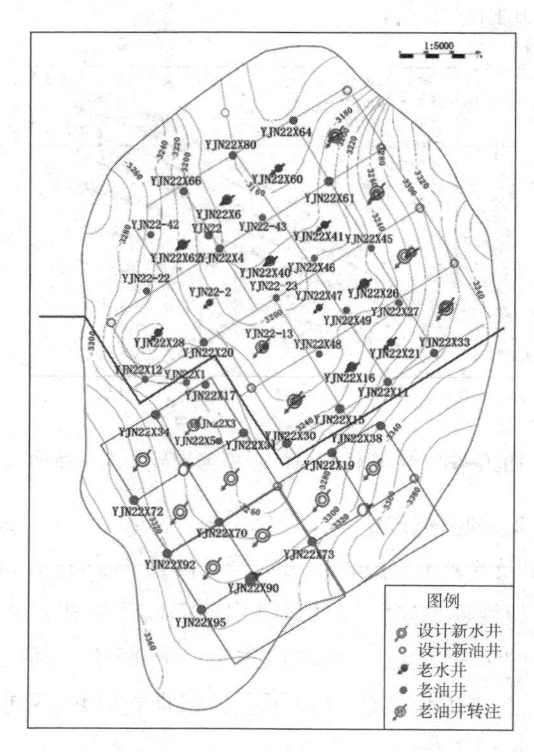

图 7－30　盐 22 区块井网部署图

通过优化井网，注采对应率达 92.6%；通过优化加砂，产液剖面均衡（图 7－31、图 7－32），增加了水驱动用程度。

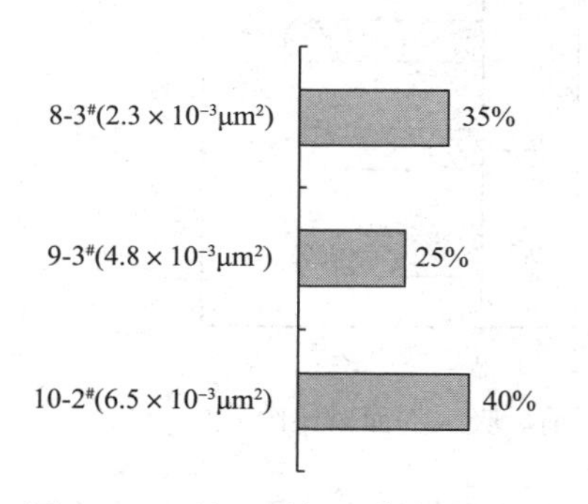

图 7－31　盐 22 斜 46 井产液剖面

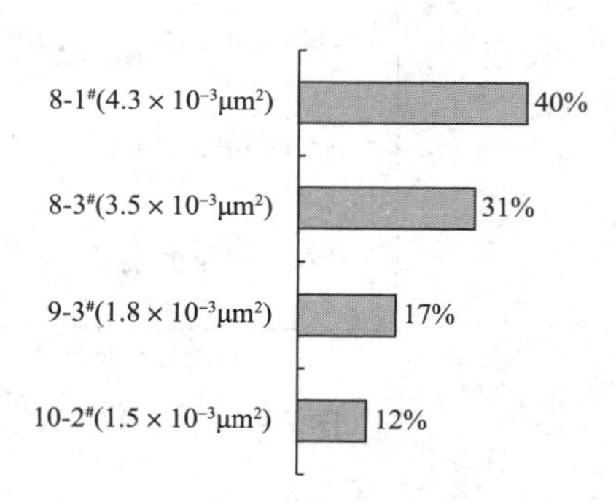

图 7－32　盐 22－23 井产液剖面

小井距注水受效，液面恢复，液量、油量上升（图 7 - 33、图 7 - 34），生产效果得到大幅改善。

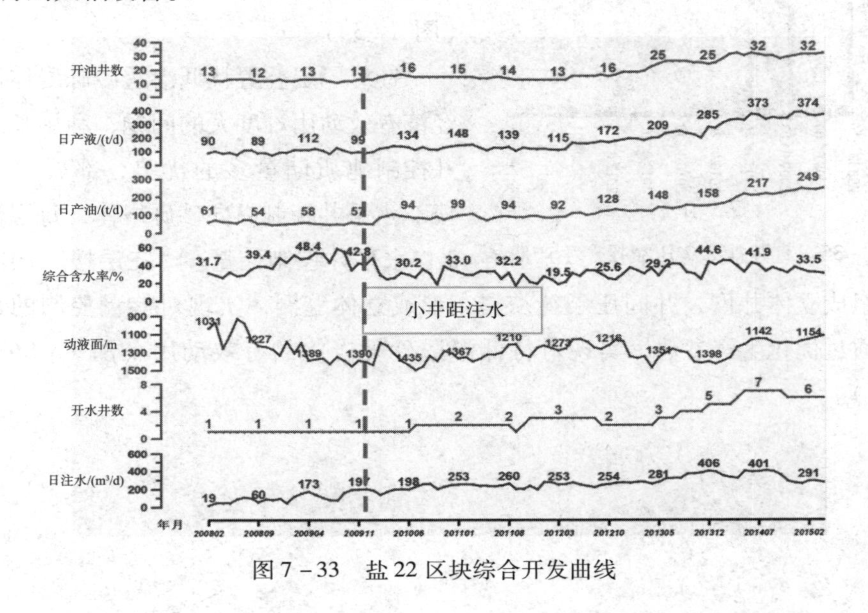

图 7 - 33　盐 22 区块综合开发曲线

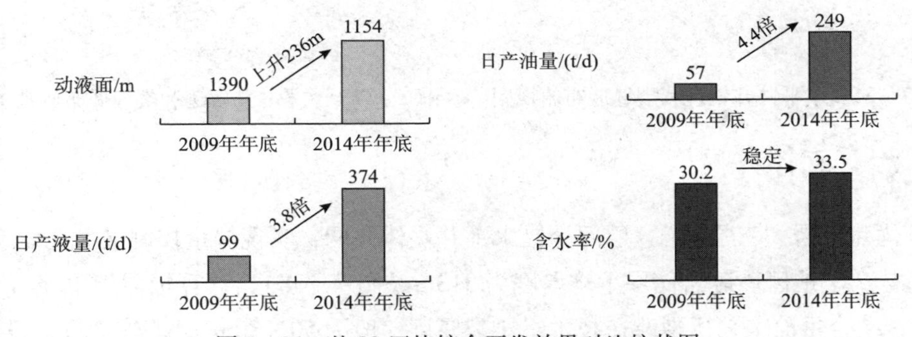

图 7 - 34　盐 22 区块综合开发效果对比柱状图

第三节　致密砂砾岩油藏立体改造开发

厚层叠置特低渗砂砾岩体油藏由于埋藏深，物性差，注水难度比较大，直井控制储量比较少。但是，由于发育厚层的砂砾岩体，储量丰度大，因此具有开发的物质基础。盐 227 块属于这一类油藏，埋藏中深 3650m，砂砾岩厚度为 134m，发育面积为 $1.5km^2$，地质储量为 $255 \times 10^4 t$，储量丰度为 $170 \times 10^4 t/km^2$。但是储层渗透率只有 $0.9 \times 10^{-3} \mu m^2$，注水难度大，尽管直井生产初期产量可以达到约

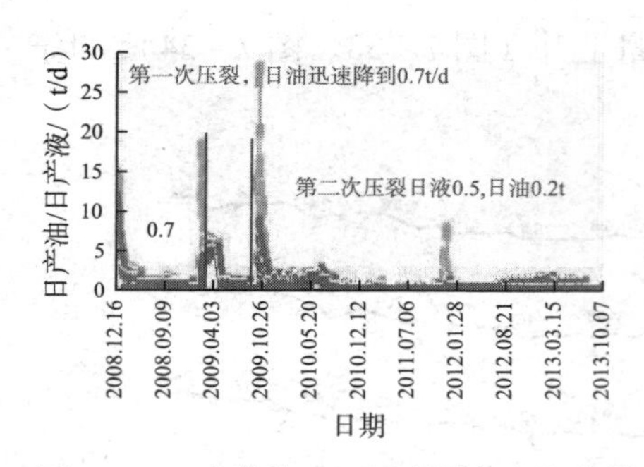

图 7－35　直井盐 227 压裂投产生产曲线

10t/d，但递减迅速，自身能量补充慢，不能实现稳产，单井年产油不足 2000t（图 7－35）。

针对厚层叠置特低渗透砂砾岩体油藏经济有效动用难度大的问题，利用长水平井控制地质储量多的优势，部署“三层楼”水平井控制纵向砂砾岩体，每层部署 3 口水平井控制储量。“三层楼”层间交错，组成立体井网，井间压裂缝交错，形成立体缝网，实现对储量控制的最大化。通过优化生产参数，实现对特低渗透砂砾岩体的有效动用（图 7－36、图 7－37）。

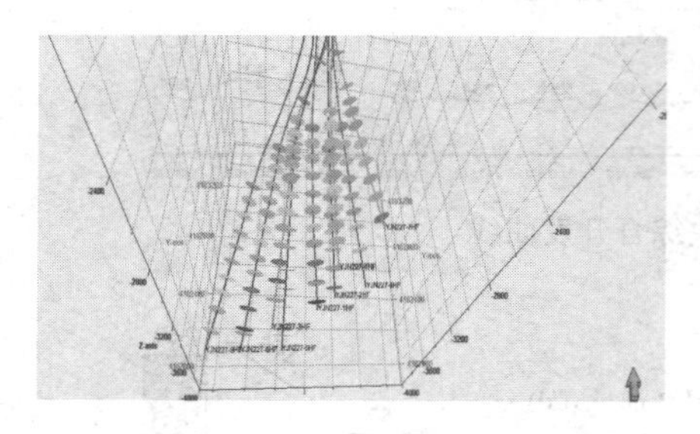

图 7－36　水平井井轨迹和裂缝展布俯视图

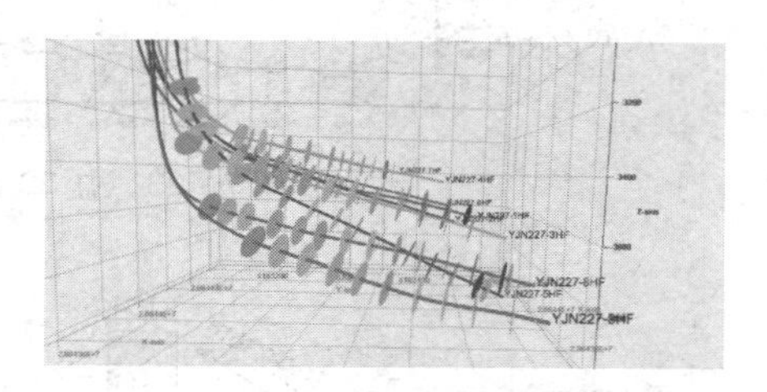

图 7－37　水平井井轨迹和裂缝展布侧视图

一、立体井网

优化部署“三层楼”、层间交错水平井立体井网，实现储量控制最大化。

盐 227 地区砂砾岩储层平均厚度为 313m（图 7－38），计算极限泄油半径为 34m，结合目前工艺压裂改造技术，压裂厚度一般为 50～80m（图 7－39），设计一套层系、三层开发，纵向井距为 70～80m（图 7－40）。

根据室内物模实验，水平井井眼与主应力的夹角，对水平井的产能影响比较大。设计 5 种角度模型，分别为井眼垂直主应力方向、井眼与主应力夹角为 45°、井眼与主应力夹角为 30°、井眼与主应力夹角为 60°、井眼与主应力平行（图 7－41），模拟并预测水平井产能。

预测结果显示，当井眼与主应力方向夹角大于 30°时，水平井产能下降幅度加快，因此在设计和部署水平井时，井眼与主应力的夹角应小于 30°（图 7－42），也就是要南北向部井。

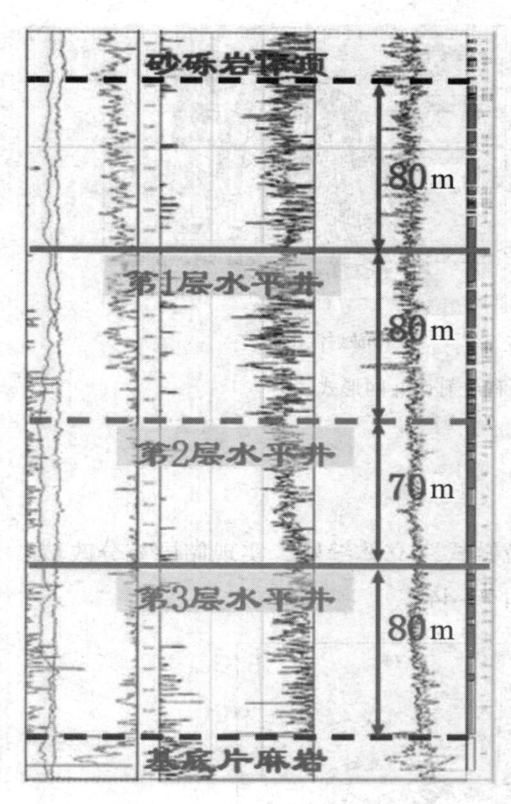

图 7-38　盐 227-1 测井曲线图

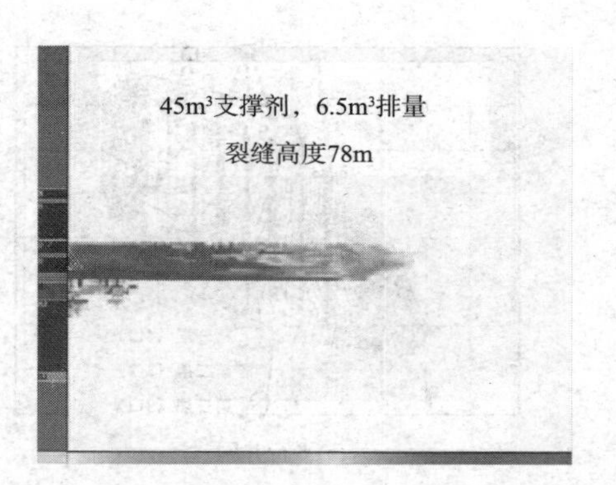

图 7-39　盐 227-1HF 井第一层井数值模拟图

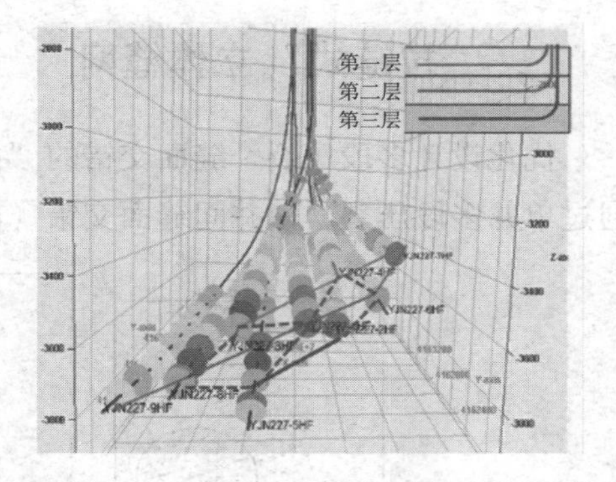

图 7-40　盐 227“三层楼”水平井轨迹

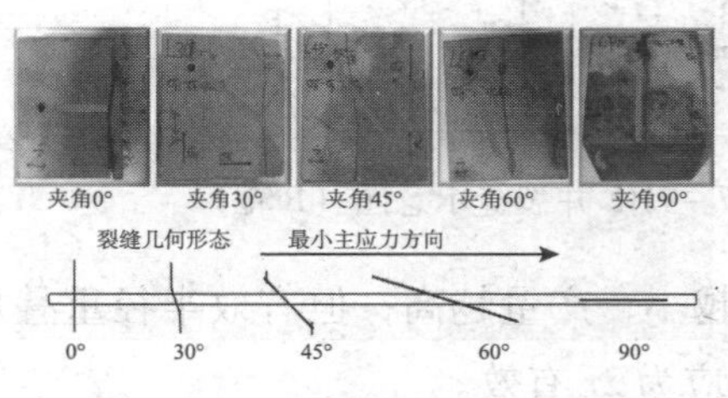

图 7-41　水平井井眼与主应力方向夹角物理模型

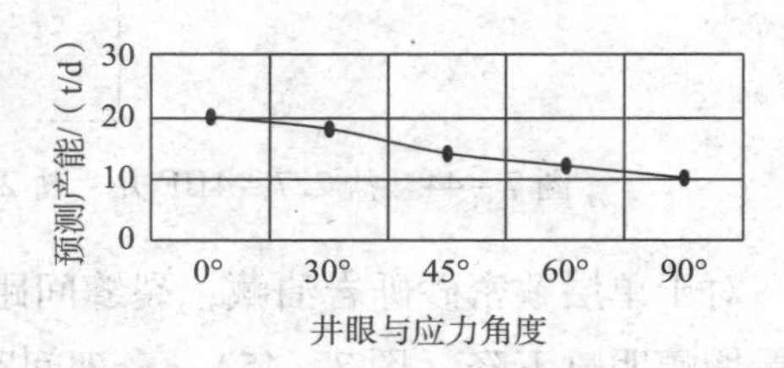

图 7-42　水平井井眼与主应力方向夹角对产能的影响曲线

利用放射性井网，一方面能够控制更多的储量，另一方面三台钻机利用一个井场，采用“井工厂”工业模式，并集约化钻井、录井、固井和压裂，减少了 46 亩（1 亩≈666.7m^2）征地，节约了 1.67 亿的投资资金（图 7-43）。同时，平行井网控制 239×10^4t 的储量，放射性井网控制 243×10^4t 的储量，控制储量增加了 5×10^4t。

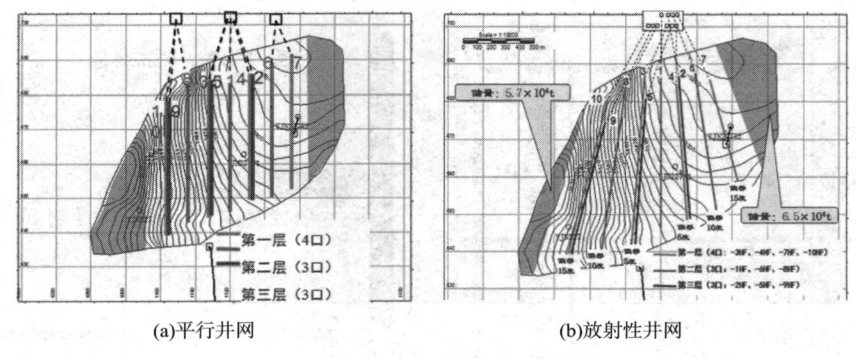

(a)平行井网　　(b)放射性井网

图 7－43　平行井网和放射性井网形式

二、“拉链式”立体缝网

优化设计多段压裂、缝面交错的“拉链式”立体缝网，实现储层充分改造。通过单井多段压裂，使井间缝面交错（图 7－44）。

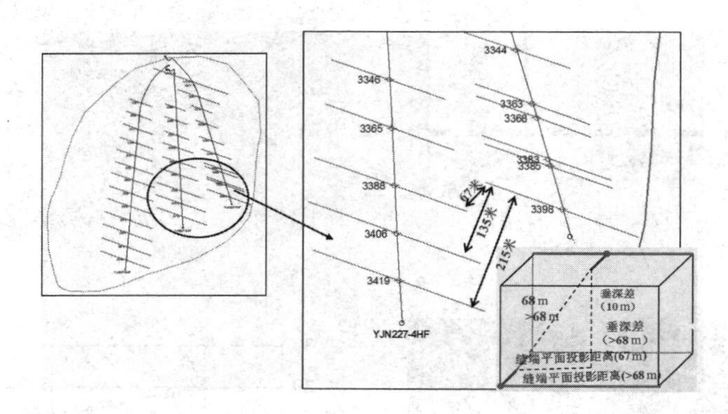

图 7－44　盐 227－4HF 井、盐 227－7HF 井裂缝示意图（B 靶）

对于单层致密砂砾岩油藏，裂缝间距越小，产量越高，但有效半径重叠后，产量增幅明显下降（图 7－45）。合理间距应为 $2r$ 有效。

多层致密砂砾岩油藏应缩小裂缝间距，提高外围油层动用程度及采收率（图 7－46），合理裂缝间距为应进一步减小为（1～1.5）r 有效。

将水平井进行井间压裂造缝设计并部署为交错状的“拉链式”裂缝。与正对平行缝相比，“拉链式”交错缝能够控制水平井间正对缝形成的滞留区储量，还可以防止压裂施工中裂缝对穿，同时提高了储层的采出程度（图 7－47、图 7－48）。

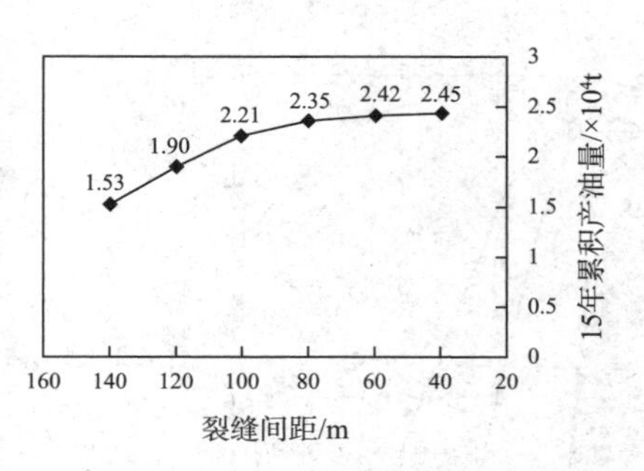

图 7－45　单层致密砂砾岩油藏不同裂缝间距累积产油量

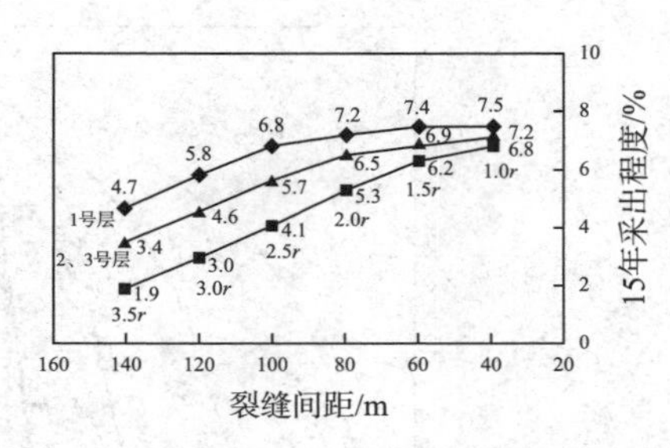

图 7－46　多层砂砾岩油藏各油层采出程度计算

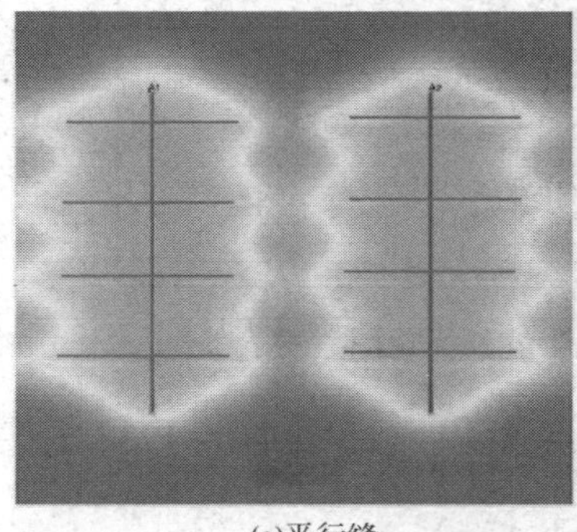

(a)平行缝

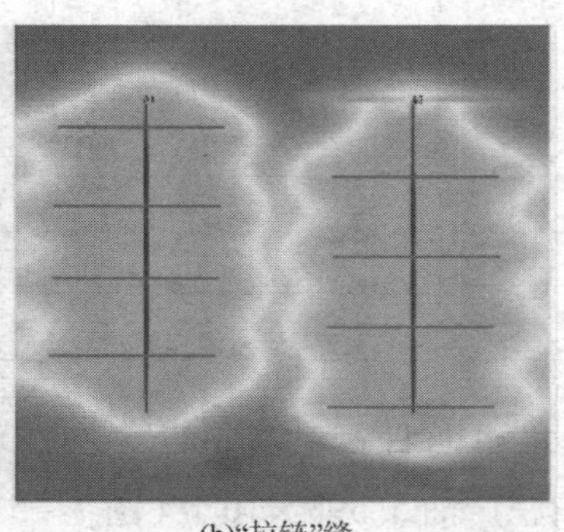

(b)“拉链”缝

图 7－47　平行缝和“拉链”缝示意图

邻井裂缝“拉链式”设计（图 7－49）达到了沟通但不串通、最大程度改造储量、提高单井产能的目的。

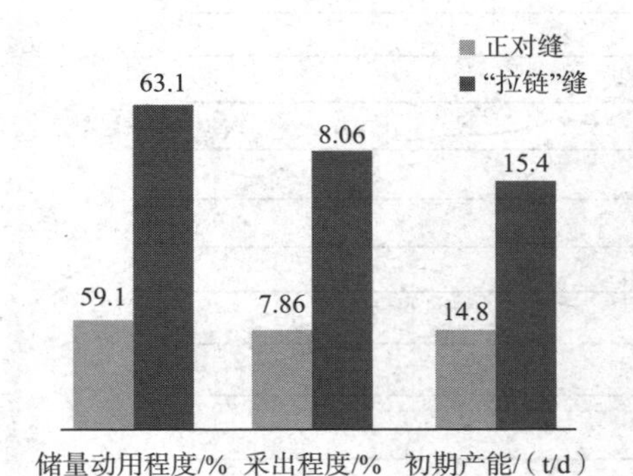

图 7－48　不同缝网指标对比

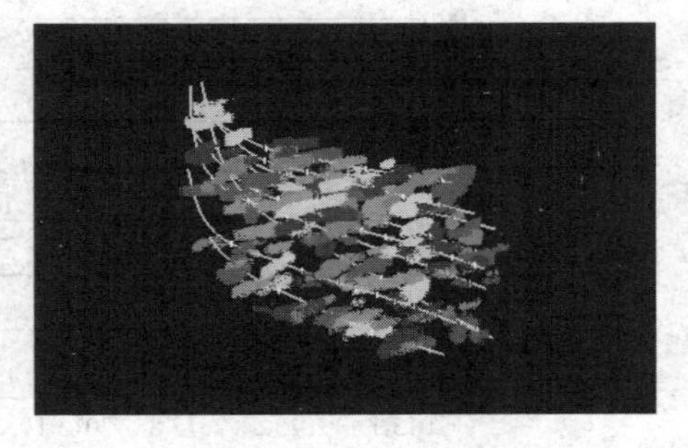

图 7－49　盐 227 块三维缝网三维图

三、矿场实施效果

通过油藏立体改造，实现了盐 227 块特低渗砂砾岩的有效动用。盐 227 块设计 9 口水平井，优化设计、动态实施压裂 86 段，半缝长为 70～260m（图 7－50）。

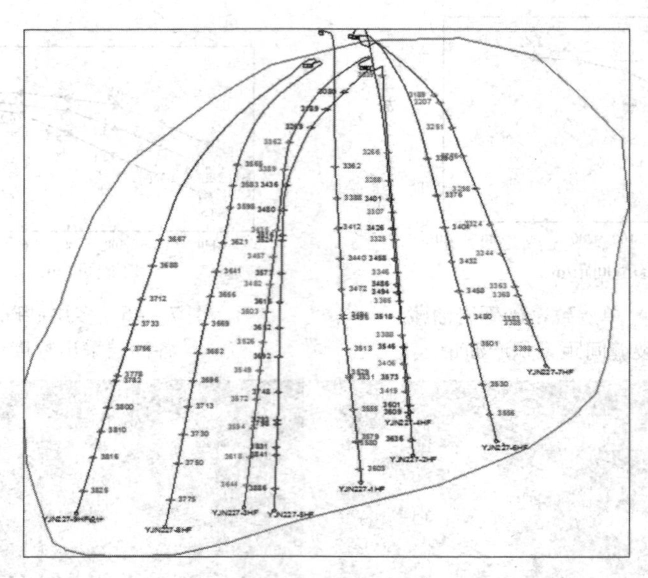

图 7－50　盐 227 块压裂半缝长优化图（叠合）

9 口井初期日产油为 387.3t/d，单井累积产油 2441～12383t，平均产油 6214t，累积产油 5.593×10^4t（图 7－51）。

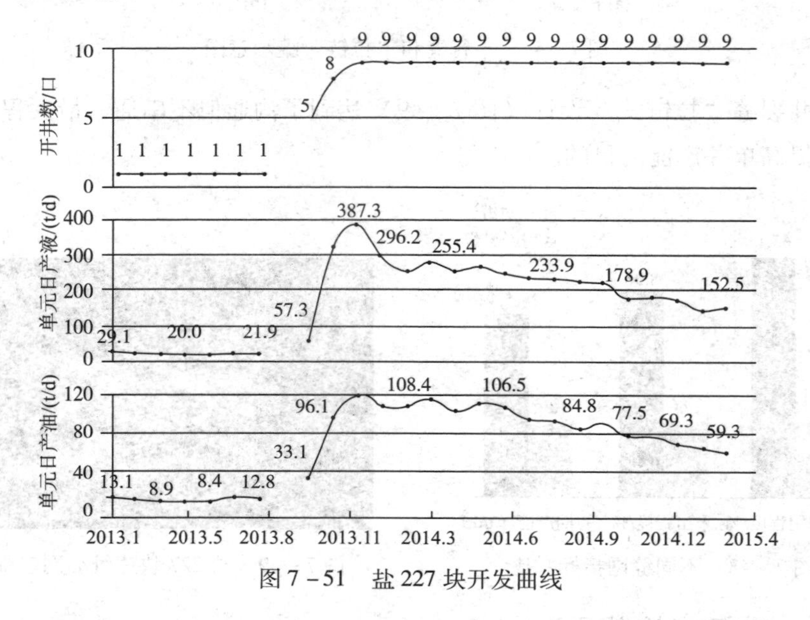

图 7－51　盐 227 块开发曲线

与直井相比，增产效果显著，实现了致密砂砾岩油藏的有效动用（图 7－52）。

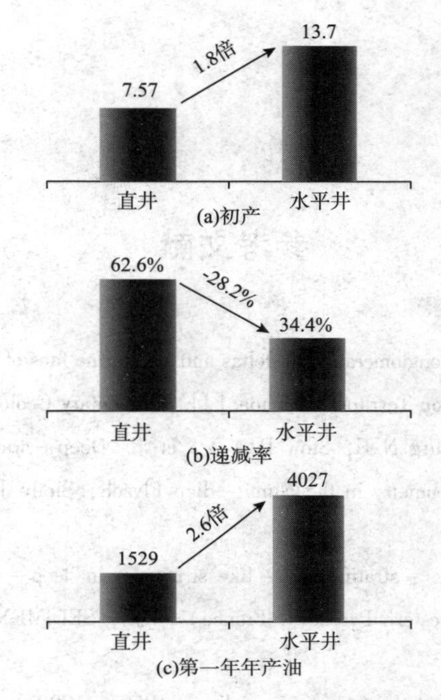

图 7－52　立体改造水平井与直井对比柱状图

参考文献

[1] Dickie J R，Hein F J. Conglomeratic fan deltas and submarine fans of the Jurassic Laberge Group，Whitehorse Trough，Yukon Territory，Canada [J]. Sedimentary Geology，1995，95：263 – 292.

[2] Johansson M，Braakenburg N E，Stow D A V，et al. Deep – water massive sands – facies，processes and channel geometry in the Numi – dian Flysch，Sicily [J]. Sedimentary Geology，1998，115：233 – 265.

[3] Higgs R. Hummocky cross – stratification – like structures in deep – sea turbidites：Upper Cretaceous Basque basins（Western Pyrenees，France） [J]. SEDIMENTOLOGY，2011，58（2）：566 – 570.

[4] Shanmugam G. 50 years of the turbidite paradigm（1950s – 1990s）：deep – water processes and facies models – a critical perspective [J]. MARINE AND PETROLEUM GEOLOGY，2000，17（2）：285 – 342.

[5] 曹刚，季迎春. 东营凹陷北部陡坡带复杂叠置砂砾岩油藏井网优化技术研究 [J]. 石油地质与工程，2017，31（01）：92 – 95.

[6] 曹刚，邹婧芸，曲全工，侯加根. 东营凹陷永 1 块沙四段砂砾岩体有效储层控制因素分析 [J]. 岩性油气藏，2016，28（01）：30 – 37 + 64.

[7] 操应长，马奔奔，王艳忠，刘惠民，高永进，刘海宁，陈林. 东营凹陷盐家地区沙四上亚段近岸水下扇砂砾岩颗粒结构特征 [J]. 天然气地球科学，2014，25（06）：793 – 803.

[8] 操应长，张少敏，王艳忠，马奔奔，宋丙慧. 渤南洼陷近岸水下扇储层岩相—成岩相组合及其物性特征 [J]. 大庆石油地质与开发，2015，34（02）：41 – 47.

[9] 曹辉兰，华仁民，纪友亮 等，扇三角洲砂砾岩储层沉积特征及与储层物性的关系——以罗家油田沙四段砂砾岩体为例 [J]. 高校地质学报，2001（02）：222 – 229.

[10] 陈清华，吴孔友，王绍兰，永安镇油田构造特征 [J]. 石油大学学报（自然科学版），1998（05）：24 – 26.

[11] 戴建芳. 砂砾岩扇体叠合区沉积期次划分——以渤海湾盆地 A 工区为例 [A]. 中国石油学会物探专业委员会. 中国石油学会 2017 年物探技术研讨会论文集 [C]. 中国石油学会物探专业委员会：石油地球物理勘探编辑部，2017：3.

[12] 邓强，侯加根，高诗华. 东营凹陷北部陡坡带沙四段砂砾岩体识别方法研究 [J]. 延安大学学报（自然科学版），2016，35（02）：78 – 82.

[13] 丁艳红，张武，闫永芳，卢靖，李会娟，吴兴波．近岸水下扇致密砂岩储层渗透率测井评价 [J]. 石油天然气学报，2012，34（05）：78－82＋5.

[14] 董越，侯加根，曹刚，等．近岸水下扇岩石相及储层特征分析——以盐家油田盐227区为例 [J]. 岩性油气藏，2015，27（5）：60－66.

[15] 杜亮慧．永安镇地区沙四段砂砾岩体沉积特征及分布规律 [D]. 中国石油大学（华东），2016.

[16] 房克志，王军，埕南断裂带砂砾岩体的地震识别与描述 [J]. 油气地质与采收率，2003，10（5）：41－43.

[17] 付瑾平，刘玉浩，王宝言，等．箕状凹陷陡坡带砂、砾岩扇体空间展布及成藏规律 [J]. 复式油气田，1998（3）：23－26.

[18] 高建刚，赵红兵，严科．近岸水下扇沉积特征及储层非均质性研究——以胜坨油田坨123断块沙四段为例 [J]. 油气地质与采收率，2010，17（3）：34－37.

[19] 郭玉新，隋风贵，林会喜，等．时频分析技术划分砂砾岩沉积期次方法探讨—以渤南洼陷北部陡坡带沙四段—沙三段为例 [J]. 油气地质与采收率，2009，16（5）：8－11.

[20] 韩宏伟，崔红庄，林松辉，等．东营凹陷北部陡坡带砂砾岩扇体地震地质特征 [J]. 特种油气藏，2003（04）：28－30.

[21] 韩小锋，陈世悦，刘宝鸿，等．深水沉积特征研究现状及展望 [J]. 特种油气藏，2008，15（2）：1－6.

[22] 黄凯，杨喆，胡勇，等．渤海湾盆地渤中凹陷25－1油田沙三段近岸水下扇沉积特征 [J]. 东北石油大学学报，2017，41（04）：32－42＋122＋5－6.

[23] 黄丽娜．非均质砂砾岩储层测井评价方法研究 [D]. 中国石油大学（华东），2016.

[24] 孔凡仙．东营凹陷北部陡坡带砂砾岩体的勘探 [J]. 石油地球物理勘探，2000（05）：669－676.

[25] 孔凡仙．东营凹陷北带砂砾岩扇体勘探技术与实践 [J]. 石油学报，2000（05）：27－31.

[26] 雷海飞，杨飞，付小锋，等．砂砾岩储层预测方法研究——以东营凹陷MF地区为例 [J]. 石油天然气学报，2009（05）：290－292.

[27] 雷克辉，朱广生，毛宁波，等．在小波时频域中研究沉积旋回 [J]. 石油物理地球勘探，1998，33（增1）：72－78.

[28] 李存磊，张金亮，宋明水，等．基于沉积相反演的砂砾岩体沉积期次精细划分与对比——以东营凹陷盐家地区古近系沙四段上亚段为例 [J]. 地质学报，2011，85（6）：1008－1018.

[29] 李冬，王英民，王永凤，等．红河深水扇沉积物重力流特征 [J]. 中国石油大学学报：自然科学版，2011，35（1）：13－19.

[30] 李联伍．双河油田砂砾岩油藏 [M]. 北京：石油工业出版社，1997，77－79.

[31] 李桥，王艳忠，操应长．东营凹陷盐家地区沙四上亚段砂砾岩储层分类评价方法［J］. 沉积学报，2017，35（04）：812－823.
[32] 李宇航．砂砾岩致密储层地震预测技术研究［D］. 中国石油大学（华东），2016.
[33] 李云，郑荣才，朱国金，等．沉积物重力流研究进展综述［J］. 地球科学进展，2011，26（2）：157－165.
[34] 林松辉，王华，王兴谋等．断陷盆地陡坡带砂砾岩扇体地震反射特征—以东营凹陷为例［J］. 地质科技情报，2005，24（4）：55－59，66.
[35] 刘传虎．砂砾岩扇体发育特征及地震描述技术［J］. 石油物探，2001，40(1)：64－72.
[36] 刘海宁，李红梅，魏文等．东营凹陷北带西段沙四上纯下—沙四下砂体沉积特征研究［J］. 油气藏评价与开发，2014，4（03）：8－13＋28.
[37] 刘家铎，田景春，何建军，等．近岸水下扇沉积微相及储层的控制因素研究——以沾化凹陷罗家鼻状构造沙四段为例［J］. 成都理工大学学报：自然科学版，1999，26（4）：365－59.
[38] 刘孟慧，赵澂林．渤海湾地区下第三系湖底扇的沉积特征［J］. 华东石油学院学报，1984（3）.
[39] 刘鹏，宋国奇，刘雅利，孟涛．渤南洼陷沙四上亚段多类型沉积体系形成机制［J］. 中南大学学报（自然科学版），2014，45（09）：3234－3243.
[40] 刘书会，宋国奇，赵铭海．复杂砂岩储集体地震地质综合解释技术［J］. 石油物探，2003，42（3）：302－305.
[41] 刘书会，张繁昌，印兴耀，等．砂砾岩体储集层的地震反演方法［J］. 石油勘探与开发，2003，30（3）：124－126.
[42] 路智勇．济阳坳陷东营凹陷陡坡带盐18地区重力流沉积特征与沉积模式［J］. 天然气地球科学，2012，23（3）：420－429.
[43] 马奔奔，操应长，王艳忠，等．东营凹陷盐家地区沙四上亚段砂砾岩储层岩相与物性关系［J］. 吉林大学学报（地球科学版），2015，45（02）：495－506.
[44] 马奔奔，操应长，王艳忠．东营凹陷盐家地区沙四上亚段储层低渗成因机制及分类评价［J］. 中南大学学报（自然科学版），2014，45（12）：4277－4291.
[45] 马奔奔，操应长，王艳忠，贾艳聪，张少敏．渤南洼陷北部陡坡带沙四上亚段成岩演化及其对储层物性的影响［J］. 沉积学报，2015，33（01）：170－182.
[46] 马奔奔．东营凹陷民丰北带沙四段近岸水下扇沉积区成岩流体及其成岩响应［D］. 中国石油大学（华东），2016.
[47] 马丽娟，何新彭，孙明江，等．东营凹陷北部砂砾岩储层描述方法．石油物探，2002，41（3）：354－358.
[48] 孟祥超，陈能贵，苏静，等．砂砾岩体不同岩相油气充注期储集性能差异及成藏意义——以玛湖凹陷西斜坡区百口泉组油藏为例［J］. 沉积学报，2016，34（03）：606－614.

[49] 庞军刚，杨友运，蒲秀刚．断陷湖盆扇三角洲、近岸水下扇及湖底扇的识别特征［J］．兰州大学学报：自然科学版，2011，47（4）：18－23.
[50] 丘东洲，何治亮．西北地区中新生代扇体沉积与油气［J］．新疆地质，1986（1），27－36.
[51] 瞿杰．冲积扇的地震反射特征及沉积模式［J］．石油地球物理勘探，1984，8（3）：6－10.
[52] 曲全工．永安镇油田永1块古近系砂砾岩体沉积特征及储层评价研究［D］．中国地质大学（北京），2016.
[53] 商文豪．电成像测井在砂砾岩体沉积特征研究中的应用［J］．中国石油和化工标准与质量，2017，37（10）：86－87.
[54] 施小荣，李维锋，赵长永，等．准噶尔盆地中拐凸起乌尔禾组扇三角洲沉积特征［J］，石油天然气学报，2008（06）：246－247.
[55] 邵绪鹏，张立强，靳久强，等．东营凹陷民丰北带沙四上亚段砂砾岩体沉积相带边界划分［J］．地质科技情报，2018，37（01）：122－127.
[56] 申本科，欧朝阳，史丹妮，等．砂砾岩储层有效厚度的划分与评价——以中国东部某盆地D凹陷S块沙四段为例［J］．地球物理学进展，2015，30（05）：2212－2218.
[57] 束宁凯，汪新文，宋亮，等．基于地震影像学的砂砾岩体多属性融合裂缝预测——以济阳坳陷车西地区北部陡坡带沙三段为例［J］．油气地质与采收率，2016，23（02）：57－61.
[58] 宋亮，苏朝光，张营革，等．陆相断陷盆地陡坡带砂砾岩体期次划分——以济阳坳陷车西洼陷北带中浅层为例［J］．石油与天然气地质，2011，32（2）：222－228.
[59] 宋明水，李存磊，张金亮．东营凹陷盐家地区砂砾岩体沉积期次精细划分与对比［J］．石油学报，2012，33（5）：781－789.
[60] 宋小勇．重力流沉积研究综述［J］．特种油气藏，2010，17（6）：6－11.
[61] 隋风贵，断陷湖盆陡坡带砂砾岩扇体成藏动力学特征——以东营凹陷为例［J］．石油与天然气地质，2003（04）：335－340.
[62] 隋风贵，等．箕状断陷盆地陡坡带砂砾岩扇体油藏研究［M］．北京：地质出版社，1998.
[63] 孙海宁，王洪宝，欧浩文，等．砂砾岩储层地震预测技术［J］．天然气工业，2007（S1）：397－398.
[64] 孙怡，鲜本忠，林会喜．断陷湖盆陡坡带砂砾岩体沉积期次的划分技术［J］．石油地球物理勘探，2007，42（4）：468－473.
[65] 谭俊敏．埕南地区砂砾岩扇体储层的预测及效果［J］．石油地球物理勘探，2004，39（3）：310－313.
[66] 田美荣．盐家地区沙四段上亚段砂砾岩体储层特征及成岩演化［J］．油气地质与采收率，2011，18（2）：30－33.

[67] 万慧，张春生，李玉萍，吴夏．东营凹陷北部陡坡带沙四段砂砾岩体沉积模拟实验研究［J］．能源与环保，2017，39（12）：69－74.
[68] 王宝言，隋风贵．济阳拗陷断陷湖盆陡坡带砂砾岩体分类及展布［J］．特种油气藏，2003，10（3）：32－54.
[69] 王洪宝，宋绍旺，魏进峰．砾岩油藏开发方式与效果分析——以盐家砾岩油藏为例［J］．长安大学学报：地球科学版，2003，25（4）：13－16.
[70] 王金铎，于建国，孙明江．陆相湖盆陡坡带砂砾岩扇体的沉积模式及地震识别［J］．石油物探，1998，37（3）：40－47.
[71] 王留奇，姜在兴．东营凹陷沙河街组断槽重力流水道沉积研究［J］．中国石油大学学报：自然科学版，1994（3）：19－25.
[72] 王敏雪，杨风丽，吴满，等．拟声波地震反演预测近岸水下扇砂砾岩体储集层—以东营凹陷为例［J］．新疆石油地质，2010，31（1）：26－28.
[73] 王蓬，王艳忠，操应长，等．东营凹陷盐家地区沙四段上亚段砂砾岩体岩石结构特征［J］．油气地质与采收率，2015，22（03）：34－41.
[74] 王树刚，李红梅，魏文，等．东营凹陷北带深层砂砾岩体的地震预测方法［J］，石油物探，2009 48（6）：584－590.
[75] 王秀玲，王延光，季玉新．胜利油田盐家地区井间地震资料应用研究［J］．石油物探，2005，44（4）：363－367.
[76] 王永刚，杨国权．砂砾岩油藏的地球物理特征［J］．石油大学学报（自然科学版），2001，25（5）：16－20.
[77] 王志坤，王多云，郑希民，等，陕甘宁盆地陇东地区三叠系延长统长 6—长 8 储层沉积特征及物性分析［J］．天然气地球科学，2003（05）：380－385.
[78] 王铸坤，李宇志，操应长，等．渤海湾盆地东营凹陷永北地区沙河街组三段砂砾岩粒度概率累积曲线特征及沉积环境意义［J］．石油与天然气地质，2017，38（02）：230－240.
[79] 吴兆徽，徐守余，刘西雷，等．复杂砂砾岩体岩性定量识别技术［J］．岩性油气藏，2016，28（02）：114－118＋126.
[80] 鲜本忠，路智勇，佘源琦，等．东营凹陷陡坡带盐 18—永 921 地区砂砾岩沉积与储层特征［J］．岩性油气藏，2014，26（4）：28－35.
[81] 鲜本忠，万锦峰，姜在兴，等．断陷湖盆洼陷带重力流沉积特征与模式：以南堡凹陷东部东营组为例［J］．地学前缘，2012，19（1）：121－135.
[82] 鲜本忠，王永诗．基于小波变换基准面恢复的砂砾岩期次划分与对比［J］．中国石油大学学报：自然科学版，2008，32（6）：1－5.
[83] 鲜本忠，王永诗，周廷全，等．断陷湖盆陡坡带砂砾岩体分布规律及控制因素——以渤海湾盆地济阳坳陷车镇凹陷为例［J］．石油勘探与开发，2007，（04）：24－26.

[84] 许辉群，桂志先．利用测井约束地震反演预测砂体展布—以 YX 地区砂四段三砂组砂体为例 [J]．天然气地球物理勘探，2006，17 (4)：547 – 551.
[85] 杨申镳．东营凹陷下第三系水下冲积扇地层型油藏 [J]．石油与天然气地质，1983，4 (1)：12 – 16.
[86] 杨勇，牛拴文，孟恩，等．砂砾岩体内幕岩性识别方法初探——以东营凹陷盐家油田盐22 断块砂砾岩体为例 [J]．现代地质，2009 (05)：987 – 992.
[87] 尹艳树，刘元．近岸水下扇扇中厚砂体储层构型及对剩余油控制——以南襄盆地泌阳凹陷古近系核桃园组三段四砂组 2 小层为例 [J]．地质论评，2017，63 (03)：703 – 718.
[88] 于建国．砂砾岩体的内部结构研究与含油性预测 [J]．石油地球物理勘探，1997，32 (增 1)：15 – 20.
[89] 于建群，姜东波，等．永北地区砂、砾岩油藏油气富集规律及勘探开发实践 [J]．特种油气藏，2001，8 (2)：11 – 14.
[90] 袁静，李春堂，杨学君，等．东营凹陷盐家地区沙四段砂砾岩储层裂缝发育特征 [J]．中南大学学报（自然科学版），2016，47 (05)：1649 – 1659.
[91] 曾洪流．廊固凹陷沙三段主要沉积体的地震相和沉积相特征 [J]．石油学报，1988，9 (2)：3 – 8.
[92] 昝灵，王顺华，张枝焕，等．砂砾岩储层研究现状 [J]．长江大学学报：自然版，2011，08 (3)：63 – 66.
[93] 张春生，刘忠保，施冬，等．涌流型浊流形成及发展的实验模拟 [J]．沉积学报，2002 (01)：25 – 29.
[94] 张红贞，等．盐家油田巨厚砂砾岩体精细地层划分与对比 [J]．石油地球物理勘探，2010，45 (1)：110 – 114.
[95] 张立强，罗晓容，肖欢，等．胜坨地区沙四上亚段近岸水下扇相砂砾岩体成岩矿物类型及分布特征 [J]．天然气地球科学，2015，26 (01)：13 – 20.
[96] 张萌，田景春．“近岸水下扇”的命名、特征及其储集性 [J]．岩相古地理，1999，19 (4)：42 – 52.
[97] 张萌，田景春．用 Bayes 判别模型识别未取芯井段沉积微相—以沾化凹陷罗家鼻状构造沙四上段近岸水下扇砂砾岩体为例 [J]．成都理工学院学报，2001，28 (3)：273 – 278.
[98] 张顺存，陈丽华，周新艳，等．准噶尔盆地克百断裂下盘二叠系砂砾岩的沉积模式[J]．石油与天然气地质，2009 (06)：740 – 746.
[99] 赵翰卿．大庆油田河流 – 三角洲沉积的油层对比方法 [J]．大庆石油地质与开发，1988 (04)：25 – 31.
[100] 赵红兵，严科．近岸水下扇砂砾岩沉积特征及扇体分布规律 [J]．断块油气田，2011，18 (4)：438 – 441.
[101] 赵红兵，严科．近岸水下扇砂砾岩沉积特征及扇体分布规律 [J]．断块油气田，2011，

18（04）：438－441.
[102] 赵志超，罗运先，田景春等．中国东部陆相盆地砂砾岩成因类型及地震地质特征［J］．石油物探，1996，35（4）：76－82.
[103] 郑丽婧，操应长，姜在兴，等．东营凹陷民丰北带古近系砂砾岩体孔隙度量化表征［J］．石油学报，2015，36（05）：573－583.
[104] 钟大康，朱筱敏，张枝焕，等．东营凹陷古近系砂岩储集层物性控制因素评价［J］．石油勘探与开发，2003，30（3）：95－98.
[105] 周娟．深层致密砂砾岩体甜点预测方法研究［A］．中国石油学会物探专业委员会．中国石油学会2017年物探技术研讨会论文集［C］．中国石油学会物探专业委员会：石油地球物理勘探编辑部，2017：4.
[106] 朱水安，李纯菊，陈永正，等．泌阳凹陷双河水下冲积扇的沉积特征［J］．石油学报，1983（1）：11－16.
[107] 朱筱敏，查明，张卫海，等．陆西凹陷上侏罗统近岸水下扇沉积特征［J］．中国石油大学学报：自然科学版，1995（1）：1－6.
[108] 朱筱敏，张守鹏，韩雪芳，等．济阳坳陷陡坡带沙河街组砂砾岩体储层质量差异性研究［J］．沉积学报，2013（06）：1094－1104.
[109] 朱筱敏，吴冬，张昕，等．东营凹陷沙河街组近岸水下扇低渗储层成因［J］．石油与天然气地质，2014，35（05）：646－653.
[110] 朱筱敏，赵东娜，姜淑贤，等．渤海湾盆地车镇凹陷陡坡带沙河街组近岸水下扇低孔低渗储层成岩序列［J］．地球科学与环境学报，2014，36（02）：1－9＋143.
[111] 卓弘春，林春明，李艳丽，等．松辽盆地北部上白垩统青山口－姚家组沉积相及层序地层界面特征［J］．沉积学报，2007，25（1）：29－38.